高等学校新工科计算机类专业系列教材

编 译 原 理

主编 鱼 滨 王小兵 张 琛

U0379069

西安电子科技大学出版社

内 容 简 介

　　本书是按照国家教育部制定的计算机专业编译原理课程教学大纲并兼顾目前授课时数压缩的现实情况编写而成的。

　　本书系统地介绍了高级程序设计语言编译程序构造的一般原理和实现方法，主要内容包括编译程序的构成、词法分析、语法分析、语法制导翻译与中间代码生成、自动机的应用、符号表与运行时环境、代码优化与代码生成等。通过本书的学习，读者可以对编译的基本概念、原理和构造方法有完整的认识和理解，并能正确地运用。

　　本书可作为高等学校计算机类专业的本科生教材，也可作为相关技术人员的参考书。

图书在版编目(CIP)数据

编译原理/鱼滨，王小兵，张琛主编. —西安：西安电子科技大学出版社，2014.3(2022.7 重印)
ISBN 978 - 7 - 5606 - 3332 - 9

Ⅰ. ①编⋯　Ⅱ. ①鱼⋯　②王⋯　③张⋯　Ⅲ. ①编译程序—程序设计—高等学校—教材　Ⅳ. ①TP314

中国版本图书馆 CIP 数据核字(2014)第 021925 号

责任编辑　王　瑛　刘玉芳
出版发行　西安电子科技大学出版社(西安市太白南路 2 号)
电　话　(029)88202421　88201467　　　邮　编　710071
网　址　www. xduph. com　　　　　电子邮箱　xdupfxb001@163.com
经　销　新华书店
印刷单位　陕西天意印务有限责任公司
版　次　2014 年 3 月第 1 版　2022 年 7 月第 2 次印刷
开　本　787 毫米×1092 毫米　1/16　印　张　12.5
字　数　292 千字
印　数　3001～5000 册
定　价　30.00 元

ISBN 978 - 7 - 5606 - 3332 - 9/TP

XDUP 3624001 - 2

＊＊＊如有印装问题可调换＊＊＊

—— 前　言 ——

"编译原理"是高等学校计算机科学与技术专业的一门专业必修课,在计算机本科教学中占有十分重要的地位。该课程从理论和实践两个方面讲授编译程序涉及的计算机技术基础理论及程序设计技术。编译程序是计算机系统软件的重要组成部分,是计算机科学中发展迅速、技术成熟的一个分支,其基本原理和技术也适用于一般软件的设计和实现,而且在软件工程、软件自动化、逆向软件工程、再造软件工程等领域有着广泛的应用。学习"编译原理"课程有助于学生掌握编译程序本身的实现技术,加深对程序设计语言的理解,也有助于学生抽象思维能力和软件开发能力的培养。

"编译原理"课程涉及程序设计语言的相关基础理论,形式化成分较多,学生感觉不易学,加之目前国内大多数"编译原理"教材内容偏多且深,而授课时数又不断压缩,从而造成教材内容不能完全使用、学生负担较重的现象。本书旨在以简练的语言、较少的篇幅讲述编译的原理和技术,并涵盖课程所要求学生掌握的内容。作为原理性教科书,本书着重介绍编译的基本理论和构造方法,对于一些具体的实现细节以及实际中不再使用的构造技术未予描述。为使学生对编译原理涉及的基础理论有更好的理解,本书还特别编排了"自动机的应用"一章。

全书共分7章。第1章绪论,介绍程序设计语言和语言翻译的基本概念,内容包括语言翻译与编译程序、编译器与解释器、编译程序的工作原理与基本结构、编译器的编写等。第2章词法分析,是整个编译内容的基础,除了介绍词法分析器的构造外,主要讲授正规式和有限状态自动机的基本知识,内容包括词法分析器的工作方式、模式的形式化描述、有限自动机、正规式到词法分析器、词法分析器的自动生成等。第3章语法分析,讲授文法和基本语法分析器的构造,内容包括上下文无关文法、自上而下的语法分析、自下而上的语法分析、二义文法的应用、语法分析器的自动生成工具YACC简介等。第4章语法制导翻译与中间代码生成,讲授语法制导翻译生成中间代码的方法,内容包括语法制导翻译、中间代码、说明性语句的翻译、执行性语句的翻译等。第5章自动机的应用,讲授自动机在不同领域的应用,内容包括有限自动机在自动控制软件设计中的应用、移动通信营业系统中的自动机模型、图形识别的有限自动机方法、基于广义有限自动机的图像压缩方法等。第6章符号表与运行时环境,主要讲授符号表、目标程序运行时环境、目标程序运行时存储器的划分及存储分配策略等内容。

第 7 章代码优化与代码生成，讲授代码生成所需考虑的问题，内容包括代码优化、代码生成的实现过程、简单的代码生成器、DAG 的代码生成等。每章末均配有丰富的习题，以帮助学生更好地掌握编译原理的相关知识。本书配有《〈编译原理〉习题解答及上机指导》一书，对学生有指导和帮助作用。

编者力图反映编译的基本理论和程序构造技术，用简洁的语言讲述抽象的原理，但由于水平所限，书中难免存在不当之处，敬请读者批评指正。

编　者

2013 年 12 月

—— 目 录 ——

第1章 绪 论

☞ 1.1 语言翻译与编译程序

使用过现代计算机的人都知道，多数用户都应用高级语言来实现他们所需要的计算。而在计算机上执行一个高级语言程序一般分为两步：首先，使用编译程序把高级语言翻译成机器语言程序；其次，运行机器语言程序求得计算结果。通常所说的编译程序(编译器)是指一种能够把某一种语言程序(源程序)转换成另一种语言程序(目标程序)的程序。后者与前者在逻辑上是等价的。编译程序根据不同的用途和侧重点可进一步分为诊断编译程序(Diagnostic Compiler)和优化编译程序(Optimizing Compiler)。诊断编译程序是专门用于帮助程序开发和调试的编译程序；优化编译程序是着重于提高目标代码效率的编译程序。现在很多编译程序同时提供了调试和优化等多种功能，用户可以通过"开关"进行选择。

通常将运行编译程序的计算机称为宿主机，运行编译程序产生目标代码的计算机称为目标机。如果一个编译程序产生不同于其宿主机的机器代码，则称它为交叉编译程序(Cross Compiler)。如果不需要重新编译程序中与机器无关的部分就能改变目标机，则称该编译程序为可变目标编译程序(Retargetable Compiler)。

现在计算机系统一般都不止含有一个高级语言编译程序，对有些高级语言甚至配置了几个不同性能的编译程序，供用户按不同需要进行选择。高级语言编译程序是计算机系统软件最重要的组成部分之一，也是用户最关心的工具之一。

☞ 1.2 编译器与解释器

编译器是将一种语言翻译为另一种语言的计算机程序。编译器将源语言(Source Language)编写的程序(即源程序)作为输入，产生用目标语言(Target Language)编写的等价程序(即目标程序)。通常，源程序用高级语言(如 Java、C++、FORTRAN 等)编写；目标程序则是目标机的目标代码(Object Code)，有时也称作机器代码(Machine Code)，也就是写在计算机机器指令中的用于运行的代码。这一过程表示如下：

源程序→编译器→目标程序

编译器是一种相当复杂的程序，其代码长度从 10 000 行到 1 000 000 行不等。编写甚至读懂这样的一个程序并非易事，大多数计算机科学家和专业人员从来没有编写过一个完整的编译器。但是,几乎所有形式的计算均要用到编译器,而且任何一个与计算机打交道的专业人员都应掌握编译器的基本结构和操作。除此之外,计算机应用程序中经常遇到的一个任务就是开发命令解释程序和界面程序,这些程序比编译器要小,但使用的技术却是相同的。因此,掌握这一技术具有非常重要的实际意义。

高级语言程序除了像上面所说的先编译后执行外,有时候也可以用"解释"来执行。解释器是这样一种程序,它以高级语言编写的源程序作为输入,但不产生目标程序,而是一边解释一边执行源程序本身。

从原理上讲,任何程序设计语言都可被解释或被编译,但是根据所使用的语言和翻译情况看,很可能会选用解释器而不用编译器。例如,我们经常解释 BASIC 语言而不是去编译它,但是,当执行速度是最重要的因素时就要使用编译器。这是因为被编译的目标代码比被解释的源代码要快得多,有时要快 10 倍或更多。

☞ 1.3 编译程序的工作原理与基本结构

1.3.1 高级语言的主要成分

构造编译程序前,定义和理解高级语言是必不可少的。因为对于高级语言的定义和理解是人们进行编译的基础。人们使用高级语言来实现自己所需要的计算,而这些高级语言就构成了编译器的输入——源语言。

高级语言是用来描述算法和计算机实现的。目前,世界上的高级语言有上千种,在较大范围内得到使用的语言也有几十种甚至上百种。从应用角度看,它们各有不同的侧重点。如 FORTRAN 适用于数值计算,COBOL 适用于事务处理,PROLOG 适用于人工智能,Ada 适用于大型嵌入式实时处理,SNOBOL 则适用于符号处理。从语言范畴来分,高级语言可分为强制式语言、作用式语言、基于规则的语言和面向对象语言等。

一个程序语言是一个记号系统。如同自然语言一样,程序主要由语法和语义两个方面定义。有时候语言定义中也包含语用信息。语用主要是有关程序设计技术和语言成分的使用方法,它将语言的基本概念与语言的外界(如数学或计算机的对象和操作)联系起来。下面对语法和语义做进一步的解释。

1. 语法

任何语言程序都可以看成是一定字符集(称为字母表)上的字符串(有限序列),并且一个程序语言只使用一个有限字符集作为字母表。一个语言的语法是指这样的一组规则,用它可以形成和产生一个合式的程序。这些规则的一部分称为词法规则,另一部分称为语法规则(或产生规则)。

词法规则是指单词符号的形成规则。单词符号是语言中具有独立意义的最基本的结构。在现今的多数程序语言中,单词符号一般包括各类型的常数、标识符、基本字、运算符和分界符等。由于单词符号本身很简单,因此形成规则也不复杂。正规式和有限自动机理论就是描述词法结构和进行词法分析的有效工具。

语言的语法规则规定了如何从单词符号形成更大的结构(即语法单位)。换言之,语法规则是语法单位的形成规则。一般程序语言的语法单位有表达式、语句、分程序、函数、过程和程序等。要真正地描述语法规则一般是很不容易的，但就现今的多数程序语言来说，上下文无关文法仍是一种可取的有效工具。有限自动机和上下文无关文法是我们讨论词法分析和语法分析的主要理论基础。语法单位比单词符号具有更丰富的意义。例如，单词符号串"2+3＊3.14"代表一个算术式，具有通常的算术意义。如何定义各种语法单位的含义属于语言的语义问题。

语言的词法规则和语法规则定义了程序的形式结构，是判断输入字符串是否构成一个形式上正确（即合式）程序的依据。

一般而言，程序语言的词法、语法规则并不限定程序的书写格式。但是，某些程序语言要求程序的书写服从一定的格式，而这样的要求就增加了词法分析的复杂性。现在多数语言倾向于使用自由格式书写法，容许程序员随自己的意愿编写程序。这既便于阅读，又可以回避因书写格式不正确而造成的错误。

有些语言规定，空白字符除了在文字常数中出现之外，在其他任何地方出现都是没有意义的。在这种情况下，空白字符可用于编排程序格式，但增加了词法分析的复杂度。在某些语言中，空白字符用做间隔符，它们的出现决定了单词符号的划分。

2. 语义

对于一个语言来说，不仅要给出它的词法、语法规则，而且要定义它的单词符号和语法单位的意义，这就是语义问题。离开语义，语言只不过是一堆符号的集合。在许多语言中，形式上完全相同的语法单位，其含义却不尽相同。同样的符号串代表的"算术表达式"，但是含义却有可能不同。对编译而言，只有了解程序的语义，才知道应把它翻译成什么样的目标指令代码。

所谓一个语言的语义是指这样的一组规则，使用它可以规定一个程序的意义，这些规则称为语义规则。阐明语义要比阐明语法难得多。现在还没有一种公认的形式系统，借助于它可以自动地构造出实用的编译程序。目前大多数编译程序普遍采用的一种方法是基于属性文法的语法制导翻译方法，虽然这还不是一种形式系统，但它还是比较接近形式化的。

一个程序的基本功能是描述数据和数据的运算。所谓一个程序，从本质上来说是描述一定数据的处理过程。在现今的程序语言中，一般程序的层次结构如图1.1所示。

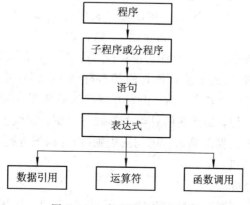

图1.1 一般程序的层次结构

自上而下看图1.1的层次结构,顶端是程序本身,它是一个完整的执行单位,通常由若干个子程序或分程序组成,子程序与分程序常常含有自己的数据;子程序或分程序是由语句组成的;组成语句的成分则是各种类型的表达式,表达式是表述数据运算的基本结构,它通常含有数据引用、运算符和函数调用。

1.3.2　编译的基本过程

编译过程是指从输入源程序开始到输出目标程序为止的整个过程。编译过程与人们进行自然语言之间的翻译有许多相近之处。例如,将英文翻译成中文所需的五个步骤与编译程序的五个阶段如图1.2所示。

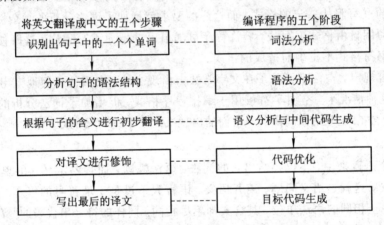

图 1.2　编译程序的主要工作过程

1.3.3　编译程序各阶段的工作

编译程序分五个阶段:词法分析、语法分析、语义分析与中间代码生成、代码优化、目标代码生成。

第一个阶段:词法分析。

词法分析的任务是:输入源程序,对构成源程序的字符串进行扫描和分解,识别出一个个的单词(也称单词符号或符号),如基本字(begin、end、if、for、while 等)、标识符、常数、运算符和分界符(标点符号、左右括号等),把字符串形式的源程序改造成为单词符号串形式的中间程序。例如,在代码行(它可以是 C 程序的一部分)

$$a[\text{index}] = 4 + 2$$

中:a 为标识符;[为左括号;index 为标识符;]为右括号;= 为赋值号;4 为常数;+ 为加号;2 为常数。这些单词是组成上述 C 语句的基本符号。单词符号是源程序的基本组成成分,是人们理解和编写程序的基本要素。识别和理解这些要素无疑也是翻译的基础。与把英文翻译成中文的情形一样,如果我们对英文单词不理解,就谈不上进行正确的翻译。在词法分析阶段的工作中所依循的是语言的词法规则(或称构词规则)。描述词法规则的有效工具是正规式和有限自动机。

第二个阶段:语法分析。

语法分析的任务是:在词法分析的基础上,根据语言的语法规则,把单词符号串分解成各类语法单位(语法范畴),如短语、字句、句子(语句)、程序段和程序等。通过语法分析,确定整个输入串是否构成语法上正确的程序。语法分析所依循的是语法规则。语法规则通常用上下文无关文法描述。词法分析是一种线性分析;语法分析是一种层次结构分析。例如,符号串

$$c＝a＋3 * b$$

代表一个赋值语句,而其中的"$a＋3 * b$"代表一个算术表达式。语法分析的任务是识别"$a＋3 * b$"为算术表达式,同时还识别上述整个符号串属于赋值语句的范畴。

第三个阶段:语义分析与中间代码生成。

语义分析与中间代码生成的任务是:对语法分析所识别出的各类语法范畴分析其含义,并进行初步翻译(产生中间代码)。这一阶段通常包括两个方面的工作:首先,对每种语法范畴进行静态语义检查;其次,如果语义正确,则进行下一步的工作,即进行中间代码的翻译。这一阶段所依循的是语言的语义规则。通常使用属性文法描述语义规则。

中间代码是一种含义明确、便于处理的记号系统,它通常独立于具体的硬件。这种记号系统或者与现代计算机的指令形式有某种程度的接近,或者能够比较容易地把它变换成现代计算机的机器指令。如采用四元式作为中间代码,中间代码生成的任务就是按语言的语义规则把各类语法范畴译成四元式序列。如:

运算符	左操作数	右操作数	结果

其意义是对左、右操作数进行运算符规定的运算,把运算所得的值作为结果保留下来。例如,表达式

$$z＝(a＋b) * c/d$$

的四元式可为

$$(＋\quad a\quad b\quad T_1)$$
$$(*\quad T_1\quad c\quad T_2)$$
$$(/\quad T_2\quad d\quad z)$$

其中,T_1、T_2都是编译期间引进的临时工作变量。

一般而言,中间代码是一种独立于具体硬件的记号系统。常用的中间代码除了四元式外,还有三元式、逆波兰记号和树形表示等。

第四个阶段:代码优化。

代码优化的任务是:对前段产生的中间代码进行加工变换,以求在最后阶段能产生出更为高效(省时间和空间)的目标代码。它包括以下几个方面:公共子表达式的提取、循环优化、删除无用代码等。有时,为了便于并行运算,还可以对代码进行并行化处理。优化所依循的原则是程序的等价变换规则。

第五个阶段:目标代码生成。

目标代码生成的任务是:把中间代码(或经优化处理之后的代码)变换成特定机器上的低级语言代码。这个阶段实现了最后的翻译,它的工作依赖于硬件系统结构和机器指令含义。这一阶段的工作非常复杂,涉及硬件系统功能部件的运用、机器指令的选择、各种数据类型变量的存储空间分配以及寄存器和后援寄存器的调度等。如何产生足以充分发挥硬件效率的目标代码是一件非常不容易的事情。

目标代码可以是绝对指令代码、可重定位的指令代码或汇编指令代码。如目标代码是绝对指令代码，则这种目标代码可立即执行。如果目标代码是汇编指令代码，则需要汇编器汇编之后才能运行。必须指出，现代多数使用编译程序所产生的目标代码都是一种可重定位的指令代码。这种目标代码在运行前必须借助于连接装配程序把各个目标模块连接在一起，确定程序变量在主存中的位置，装入内存中指定的真实地址，使之成为一个可以运行的绝对指令代码程序。

上述编译程序的五个阶段是一种典型的逻辑模型。事实上，并非所有编译程序都分成这五个阶段。有些编译程序对优化没有要求，优化阶段就可以略去；在某些情况下，为了加快编译速度，中间代码生成阶段也可以略去；有些最简单的编译程序是在语法分析的同时产生目标代码。但是，大多数使用编译程序的工作过程均由上述五个阶段构成。

1.3.4 编译程序的基本结构

编译过程被分为了五个阶段，编译程序的结构也可以按照这五个阶段的任务分模块进行设计，如图1.3所示。

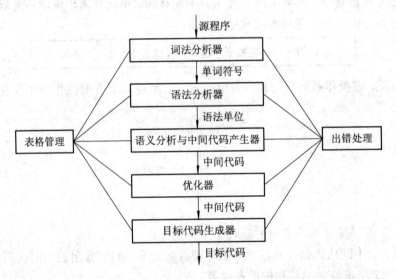

图1.3 编译程序的总框架

词法分析器：输入源程序，进行词法分析，输出单词符号。

语法分析器：简称分析器，对单词符号串进行语法分析，识别出各类语法单位，最终判断输入串是否构成语法上正确的程序。

语义分析与中间代码产生器：按照语义规则对语法分析器归约出（或推导出）的语法单位进行语义分析并把它们翻译成一定形式的中间代码。

优化器：对中间代码进行优化处理。

目标代码生成器：把中间代码翻译成目标程序。

在上述框架中还有两个重要的概念就是表格管理和出错处理。

表格管理：编译程序在工作中需要保持一系列的表格，以登记源程序中各类信息的编译中各阶段的进展状况。合理地设计和使用表格是编译程序构造的一个重要问题。在编译程序使用的表格中，最重要的是符号表。它用来登记源程序中出现的每个名字以及名字的各种属性，例如一个名字是常量名、变量名，还是过程名，以及它的类型、内存地址等信息。

编译的各个阶段都涉及了对这些表格的修改、查找或更新等工作，所以对于这些表格的管理也是编译程序的主要工作之一。

出错处理：一个编译程序不但要能对书写正确的程序进行翻译，而且应该能对出现在源程序中的错误进行处理。如果源程序中发现错误，编译器就应将信息发送给用户。这部分的工作是由专门的一组程序（出错处理程序）完成的。如果这部分程序不但能够发现错误，而且还能自动校正错误，就更好了，但是自动校正的代价是非常高的。

源程序中的错误通常分为语法错误和语义错误两大类。语法错误是指源程序中不符合词法或语法规则的错误，它们可在词法分析或语法分析时检测出来。语义错误是指源程序中不符合语义规则的错误，通常包括说明错误、作用域错误、类型不一致等。

1.3.5 编译的前端和后端

编译程序一般分为编译前端和编译后端。编译前端主要由与源语言有关但与目标机无关的部分组成，通常包括词法分析、语法分析、语义分析与中间代码生成，有的代码优化工作也可包括在编译前端。编译后端包括编译程序中与目标机有关的部分，如与目标机有关的代码优化和目标代码生成等。

可以取编译程序的前端，改写其后端，以生成针对不同目标机的编译程序。如果编译后端的设计是经过精心考虑的，那么编译后端的改写将不会有太大的工作量，这样就可实现编译程序的目标机改变。也可以设想将几种源语言编译成相同的中间语言，虽然这些语言的编译程序有不同的前端，但它们都可以配上相同的后端，这样就可以高效地为同一台机器生成不同语言的编译程序。然而，由于不同语言存在某些微妙的区别，因此在这方面所取得的成果非常有限。

1.3.6 编译的遍数

前面所讲的编译过程的五个阶段仅仅是逻辑功能上的一种划分，具体实现时，受不同源语言、设计要求、使用对象和计算机条件（如主存容量）等限制，往往将编译程序组织为若干遍（pass）。所谓遍，就是对源程序或源程序的中间结果从头到尾扫描一次，并做有关的加工处理，生成新的中间结果或目标程序。通常，每遍的工作由从外存上获得的前一遍的中间结果开始（对于第一遍而言，从外存上获得源程序），完成它所含的有关工作之后，再把结果记录于外存。这既可以将几个不同阶段合为一遍，也可以把一个阶段的工作分为若干遍。为了便于处理，语法分析和语义分析与中间代码生成又常常合为一遍。若优化要求很高，还可以把优化阶段分为若干遍来实现。当一遍中包含若干阶段时，各阶段的工作是穿插进行的。

一个编译程序究竟应分成几遍，如何划分，是与源语言、设计要求、硬件设备等诸因素有关的，因此难以统一划定。遍数多一些是有好处的，即整个编译程序的逻辑结构会更清晰，但是遍数多肯定要增加输入/输出所消耗的时间，因此，一般的编译程序遍数都比较少。应当注意，并不是每种语言都可以用单遍编译程序实现的。

☞ 1.4 编译器的编写

人们早期使用汇编语言来编写编译器,但是由于编译器本身是一个十分复杂的系统,用汇编语言编写编译器的效率很低,往往给实现带来很大的困难,因此,除了特别需求,人们已经不再使用汇编语言编写编译器了。现在常用高级语言编写编译器,它的效率比汇编语言要高得多,不过用单纯的程序语言来编写编译器显然是不够的,因此需要一些专门的编译器编写工具来支持编译器某些部分的自动生成。比较成熟和通用的工具有词法分析器和语法分析器,如被广泛应用的 Lex 和 YACC;另外,还有一些工具,如语法制导翻译工具(用于语义分析)、自动代码生成器(用于中间代码与目标代码生成)、数据流工具(用于优化)等。这些工具有一些共同的特点,就是仅需要对语言相应部分的特征进行描述,而把生成算法的过程隐蔽起来,同时所生成的部分可以统一并入到编译器的其他部分中。因此,这些工具往往与某程序设计语言联系在一起,如与 YACC 联系的程序设计语言就是 C 语言。

☞ 1.5 本章小结

本章介绍了有关编译原理的一些基本概念和知识,例如编译程序、高级程序语言、编译器和解释器、编译的前端和后端、编译的遍数等。读者应掌握的重点以及难点内容如下:

首先,了解什么是程序设计语言以及高级语言的翻译。

程序设计语言是用来编写程序的工具,分为低级和高级语言。低级语言包括机器语言及其面向机器的程序设计语言。而高级语言有上千种之多,常用的有 Java、C++、C、Pascal 等。高级语言比起低级语言在算法描述能力、编程和调试效率上都有较高的优越性。

如果在计算机上使用高级语言,需要该语言能够被计算机所理解。使用的方法就是对程序进行翻译或解释。编译程序就是将高级语言编写的程序(源程序)翻译为汇编语言或者机器语言形式(目标程序)的一种翻译程序。

其次,清楚一个编译程序需要做的工作和它的逻辑结构。

编译程序的主要工作有五个:词法分析、语法分析、语义分析与中间代码生成、代码优化、目标代码生成。

一般编译程序的逻辑结构包含以下几个部分:

(1) 词法分析程序;

(2) 语法分析程序;

(3) 语义分析程序;

(4) 中间代码生成程序以及优化程序;

(5) 目标代码生成程序;

(6) 错误检查和处理程序;

(7) 各种信息表的管理程序。

最后，理解编译程序的组织方式。

编译程序可通过一遍或者多遍扫描源程序或其中间代码的处理方法实现。如何划分遍数，与源语言、设计要求、硬件设备等诸因素有关，因此遍数的划定是由具体情况来决定的，难以统一划定。

☞ 习 题 1

一、单项选择题

1. 一个编译程序中，不仅包含词法分析、语法分析、中间代码生成、代码优化、目标代码生成等五个阶段，还应包括_____。其中，_____和代码优化部分不是每个编译程序都必需的。词法分析器用于识别_____，语法分析器则可以发现源程序中的_____。

（1）A. 模拟执行器   B. 解释器

    C. 表格管理和出错处理   D. 符号执行器

（2）A. 语法分析   B. 中间代码生成

    C. 词法分析   D. 目标代码生成

（3）A. 字符串   B. 语句

    C. 单词   D. 标识符

（4）A. 语义错误   B. 语法和语义错误

    C. 错误并校正   D. 语法错误

2. 汇编程序是将_____翻译成_____，编译程序是将_____翻译成_____。

    A. 汇编语言程序   B. 机器语言程序

    C. 高级语言程序   D. A 或者 B

3. 下面关于解释程序的描述正确的是_____。

① 解释程序的特点是处理程序时不产生目标代码

② 解释程序适用于 COBOL 和 FORTRAN 语言

③ 解释程序是为打开编译程序技术的僵局而开发的

    A. ①、②   B. ①

    C. ①、②、③   D. ②、③

4. 高级语言的语言处理程序分为解释程序和编译程序两种。编译程序有五个阶段，而解释程序通常缺少_____和_____。其中，_____的目的是使最后阶段产生的目标代码更为高效。与编译系统相比，解释系统_____。解释程序处理语言时，大多数采用的是_____方法。

（1）～（3）A. 中间代码生成   B. 目标代码生成

      C. 词法分析   D. 语法分析

      E. 代码优化

（4）A. 比较简单，可移植性好，执行速度快

B. 比较复杂，可移植性好，执行速度快

C. 比较简单，可移植性差，执行速度慢

D. 比较简单，可移植性好，执行速度慢

（5）A. 源程序命令被逐个直接解释执行

　　B. 先将源程序转化为中间代码，再解释执行

　　C. 先将源程序解释转化为目标程序，再执行

　　D. 以上方法都可以

5. 要在某一台机器上为某种语言构造一个编译程序，必须掌握下述三方面的内容：_____，_____，_____。

　　A. 汇编语言　　　　　　　　　B. 高级语言

　　C. 源语言　　　　　　　　　　D. 目标语言

　　E. 程序设计方法　　　　　　　F. 编译方法

　　G. 测试方法　　　　　　　　　H. 机器语言

6. 由于受到具体机器主存容量的限制，编译程序几个不同阶段的工作往往被组合成_____，诸阶段的工作往往是_____进行的。

（1）A. 过程　　　　B. 程序　　　　C. 批量　　　　D. 遍

（2）A. 顺序　　　　B. 并行　　　　C. 成批　　　　D. 穿插

7. 编译过程中，语法分析器的任务就是_____。

① 分析单词是怎样构成的

② 分析单词串是如何构成语句和说明的

③ 分析语句和说明是如何构成程序的

④ 分析程序的结构

　　A. ②、③　　　　　　　　　　B. ②、③、④

　　C. ①、②、③　　　　　　　　D. ①、②、③、④

8. "用高级语言书写的源程序都必须通过编译，产生目标代码后才能投入运行"这种说法_____。

　　A. 不正确　　　　　　　　　　B. 正确

9. 使用解释程序时，在程序未执行完的情况下，_____重新执行已执行过的部分。

　　A. 也能　　　　　　　　　　　B. 不可能

10. 在使用高级语言编程时，首先可通过编译程序发现源程序的全部_____错误和部分_____错误。

　　A. 语法　　　　　　　　　　　B. 语义

　　C. 语用　　　　　　　　　　　D. 运行

二、填空题

1. 编译方式与解释方式的根本区别在于_____。

2. 从功能上说，程序语言的语句大体可分为_____和_____两大类。

3. 扫描器的任务是从_____识别出一个个_____。

三、名词解释

编译程序   语义   语法   遍

四、简答题

1. 编译程序在逻辑上由哪几部分组成？

2. 何谓编译的前端和后端？

3. 画出编译程序的总体结构图，并简述各部分的主要功能。

4. 试分析编译程序是否分遍应考虑的因素及多遍扫描编译程序的优缺点。

第 2 章 词 法 分 析

词法分析阶段是编译过程的第一个阶段，此阶段的任务是从左到右逐个字符地对源程序进行扫描和分解，从而识别出一个个单词（也称单词符号或符号），把字符串形式的源程序改造成为单词符号串形式的中间程序。

本章的重点是围绕词法分析器的自动生成展开，主要介绍与之相关的正规式和有限自动机概念，词法分析器的手工生成方法，并简要介绍一个词法分析器自动生成工具 Lex。

☞ 2.1 词法分析概述

2.1.1 相关问题

在学习词法分析（Lexical Analysis）时，经常会碰见这些术语："词法记号"（简称记号）、"模式"和"词法单元"等。这些术语都有各自的含义，本小节将具体介绍这些术语及其之间的联系。

编译器的扫描或词法分析阶段可将源程序读作字符文件并将其分为若干个记号（Token）。记号与自然语言中的单词类似，每一个记号都是表示源程序中信息单元的字符序列。类似自然语言中可把单词划分为动词、名词、形容词、标点符号等不同类型一样，可以将程序语言中的记号分为以下五类。

（1）关键字（保留字或基本字）：是字母的固定串，在程序语言中有固定的含义，不允许用户将其表示为其他含义，如 if、while、for、do、goto 等。

（2）标识符：是由用户定义的串，它们通常由字母和数字组成并由一个字母开头，用来命名程序中出现的变量、数组、函数、过程、标号等，如 sort、draw_cycle 等。

（3）字面量（字面常数）：指直接写出的数据，包括各种数值字面量、字符和/或字符串字面量、聚集值（复合对象的值）等，如 256、3.14、true、'abc'。但是字面量并不等同于常量，如 int MAX=25，称 25 为字面量，尽管 MAX 也是一个常量，但并不称其为字面量。

（4）运算符：是执行特定算术或逻辑操作的符号，如 ＋、－、＊、／ 等。

（5）分界符：类似于自然语言中的标点符号，在程序语言中有着特殊的用途，如逗号、分号、冒号等。

一般而言，在输入的字符流中有很多字符串，它们的记号是一样的。这样的字符串集合用模式（Pattern）的规则来描述，模式匹配对应集合的任一字符串。关于模式的形式描述将在下一节讨论。词法单元（Lexeme）又称单词，是源程序的字符串，它由模式匹配为记号。

例 2.1 对于 Pascal 语句

　　　var count : integer;

其中：子串 var 是记号；count 是一个词法单元。

对于记号、模式以及词法单元三者之间的关系可以用表 2.1 加以说明。其中，记号 var 和 for 的模式分别是 var 和 for，它们的特点是一个记号仅对应一个单词；记号 relation 的模式是 Pascal 的 6 个关系算符的集合；以此类推，id 表示标识符；num 表示数字字面量；literal 表示字符串字面量。它们的特点是一个记号对应多个单词。

表 2.1　记号、模式与词法单元的关系

记号	词法单元例举	模式的非形式化描述
var	var	var
for	for	for
relation	＜ , ＜ ＝ , ＝ , ＜＞, ＞ , ＞ ＝	＜ 或 ＜＝ 或 ＝ 或＜＞或 ＞＝ 或 ＞
id	sum，count，D5	以字母开头的字母数字串
num	3. 1416，10，4. 03 E15	任何数值常数
literal	″core dumped ″	双引号之间的任意字符串

从表 2.1 可以看出，Pascal 的 6 个关系算符都属于记号 relation。从程序的语法是否正确的角度看，无论使用哪个关系算符都一样，但是从翻译成目标代码来考虑，不同的关系算符，其翻译结果是不一样的。因此，词法分析器需要给记号加以属性，用来记录记号的附加信息，以便需要时使用它们。由此可以看出，记号至少包含两个部分：记号类别和记号的其他信息。在不引起混淆的情况下，将记号的类别称为记号，记号的其他信息称为记号的属性。

例 2.2 Pascal 语句

　　　position ：＝initial＋rate ＊ 60

的记号和其属性值用二元组序列表示如下：

　　　〈i，指向符号表中 position 条目的指针〉

　　　〈assign_op，〉

　　　〈i，指向符号表中 initial 条目的指针〉

　　　〈op，＋〉

　　　〈i，指向符号表中 rate 条目的指针〉

　　　〈mul_op，＊〉

　　　〈num，整数值 60〉

注意：二元组〈assign_op，〉没有属性，因为这个二元组的第一个元素就可以辨别词法单元；由于＋、－和 or 都可归入 op，所以 op 在其二元组中需要第二个元素；此外，记号 num 给了一个整数值属性，通常编译器会把形成数的字符串存入符号表，因此记号 num 的属性值是指向这个条目的指针。

2.1.2　词法分析器的功能和工作方式

1. 词法分析器的功能

词法分析器的功能是依次扫描字符串形式的源程序中的各个字符，逐个识别出其中的单词，并将其转换为内部编码形式的单词符号串作为输出，如图 2.1 所示。

图 2.1　词法分析器的功能

概括而言，词法分析器在其工作中，一般应完成以下任务：

（1）识别出源程序中的各个单词符号，并将其转换为内部编码形式。

（2）删除无用的空白符、回车符以及无用的非实质性字符。

（3）删除注释。

（4）进行词法检查，报告所发现的错误。尽管词法分析的关键在于找出单词，但是对于输入，只要是合法的单词（关键字、标识符、字面量、运算符、分界符等），一般不会发现其错误，在句子中的使用错误只能在语法分析以后才会被发现。这是由于源程序中非法字符之外的大部分字符或者字符串，都可以被词法分析的某个模式所匹配，从而被识别为一个记号，而这些记号在没有上下文对照的情况下，很难判断其正确与否。

2. 词法分析器的工作方式

由于词法分析器与语法分析器协同的工作方式不同，词法分析器在整个编译器中也可以有以下不同的工作方式。

（1）词法分析器作为编译器独立执行任务，即单独进行一遍扫描，它以源程序为输入，以记号流为输出。其工作方式如图 2.2 所示。

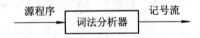

图 2.2　词法分析器独立工作

这种工作方式的优点是：设计简单，改进了编译效率，增强了编译系统的可移植性等；缺点是占用较大的存储空间（因为词法分析输出的是记号流）。

（2）词法分析器作为语法分析器的子程序执行任务，即每当语法分析器需要一个记号时，就调用词法分析器，并得到一个识别出的记号。其工作方式如图 2.3 所示。

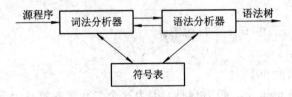

图 2.3　作为子程序的词法分析器工作方式

在这种工作方式下可以使用高级语言。与汇编语言相比，高级语言不仅将许多相关的机器指令合成为单条指令，而且去掉了与具体操作有关但与完成工作无关的细节，例如使用堆栈、寄存器等，这大大简化了程序中的指令。因此，这种工作方式最常采用，也最容易实现。

（3）词法分析器与语法分析器并行工作的方式。在这种工作方式下，为了提高编译效率，可以通过使用队列使词法分析器和语法分析器以"生产/消费"的形式并行工作。其工作方式如图 2.4 所示。

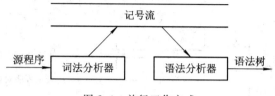

图 2.4　并行工作方式

2.1.3　源程序的输入及预处理

1. 源程序的输入

词法分析器的任务是从左到右逐个字符地对源程序进行扫描和分解，从而识别出一个个单词(也称单词符号或符号)，把字符串形式的源程序改造成为单词符号串形式的中间程序。

从词法分析器的任务可以看出，词法分析器工作的第一步就是源程序的输入。但在这个过程中源程序字符的逐个读入需耗费大量的编译时间。为了缩短编译时间，加快读入字符速度，通常采用双缓冲区的方法，即在内存中设置一个适当大小的输入缓冲区和一个适当大小的扫描缓冲区，让操作系统直接将磁盘上的源程序字符串分批送入输入缓冲区，经过预处理后送入扫描缓冲区，供词法分析器进行处理。

由于一些操作系统规定将一组扇区作为直接访问的最小单元，因此，在设计输入缓冲区的过程中，通常把缓冲区大小设置成扇区的整数倍，这样可以减少缓冲区输入/输出(I/O)的操作次数。例如，若一个扇区为 1024 字节，那么可以将输入缓冲区大小设置为1024、4096 或 8192 字节等。

2. 预处理

预处理就是去除注释、无用的空白符、跳格、回车符、换行符等处理。对于大多数程序来讲，注释、无用的空白符、跳格、回车符、换行符等，都是一些非实质性的字符，它们不是程序的必要组成部分，它们的存在只是为了增加程序的可读性和可理解性。因此，可以构造一个预处理子程序，完成去除注释、无用的空白符、跳格、回车符、换行符等处理的任务后，将其装入词法分析器的扫描缓冲区。

扫描缓冲区就是从输入缓冲区输入固定长度的字符串到另一个缓冲区(扫描缓冲区)，词法分析可以直接在此缓冲区中进行符号识别。

词法分析器对扫描缓冲区扫描时一般用两个指示器，一个指向当前正在识别的单词开始的位置，另一个用于向前搜索以寻找单词的终点。其结构如图 2.5 所示。

图 2.5　词法分析器对扫描缓冲区的扫描

综上所述，词法分析器的工作过程就是将经过预处理的源代码（去除注释、无用的空白符、跳格、回车符、换行符等处理）读入到输入缓冲区，然后读入固定长度的字符到扫描缓冲区，最后对扫描缓冲区进行符号识别。词法分析器的结构如图 2.6 所示。

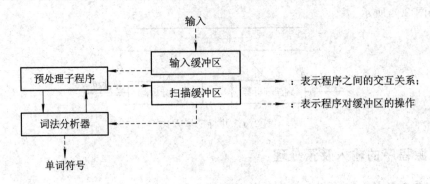

图 2.6 词法分析器的结构

☞ 2.2 模式的形式化描述

2.2.1 语言及其基本概念

在 2.1 节的讨论中指出，字符串集合由模式的规则来描述。正规式是表示这些规则的一种重要方法。本节围绕正规式介绍记号的描述与识别方法。在介绍正规式前，首先给出"语言"的形式化定义。

不言而喻，人人都熟悉自然语言的表示，然而，大多数人可能发现准确地解释"语言"是什么仍然很困难。字典中非形式化地定义"语言"为"一个用来表达某些想法、事物和概念的系统"，这个系统包括符号集和制定的规则。尽管这个定义提供了语言的直观描述，但是对于形式化语言的研究而言这个定义仍然不够，需要一个更准确的定义。

乔姆斯基（Chomsky）对于语言的定义如下。

定义 2.1 语言 L 是有限字母表 Σ 上有限长度的字符串的集合。

从定义 2.1 中可以看出，语言是一个集合，集合中的元素是字符串。此定义强调了语言的两个有限性：字母表是符号的有限集合，字符串是符号的有穷序列，字符串的长度也是有限的，因为计算机所能表示的字符和字符串的长度是有限的。

字母表是符号的非空有穷集合。任何程序语言都有自己的字母表。例如：

（1）计算机语言中的字母表由符号"0"和"1"组成，即 Σ＝{0, 1}。

（2）ASCII 字符集。

（3）Pascal 字母表为 Σ＝{A～Z, a～z, 0～9, ＋, －, ＊, /, ＜, ＝, ＞, :, ', ", ; , ., ↑, (,), {, }, [,] }。

字符串的定义：

（1）ε（空字符串）是 Σ 上的一个字符串。

（2）若 x 是 Σ 上的字符串，a 是 Σ 的元素，则 xa 是 Σ 上的字符串。

(3) y 是 Σ 上的字符串,当且仅当它由(1)和(2)导出。

由字母表中的符号所组成的任何有穷序列均被称之为该字母表上的字符串。

字符串的长度是指该字符串中的符号的数目。例如:$|aab|=3$,$|\varepsilon|=0$。

设 x 是一个字符串,则移走 x 的尾部的零个或多于零个符号之后余下的部分为前缀;删去 x 的头部的零个或多于零个符号之后余下的部分为后缀;从 x 中删去一个前缀和一个后缀之后余下的部分为子串。例如,字符串 x＝banana,则

前缀:ε, b, ba, ban, bana, banan, banana

后缀:banana, anana, nana, ana, na, a, ε

子串:banana, anana, banan, anan, …, ε

可见,x 的任何前缀和后缀都是 x 的子串,但其子串不一定是 x 的前缀或后缀,特别是 ε 和 x 本身既是 x 的前缀又是 x 的后缀。当且仅当 x 的前缀不是 x 本身时,称其为 x 的真前缀。同理,当且仅当 x 的后缀不是 x 本身时,称其为 x 的真后缀。

子序列:从 x 中删去零个或多于零个符号(这些符号不要求是连续的)后得到的字符串。

逆转(用 X^R 表示):将 x 中的符号按相反次序写出而得到的字符串。例如,字符串 x＝banana,则子序列为 baa(这些符号不要求是连续的),逆转(用 X^R 表示)为 ananab。

字符串的连接:设 x 和 y 是字符串,它们的连接 xy 是把 y 的符号写在 x 的符号之后得到的字符串。例如,x＝ba,y＝nana,则 xy＝banana。

字符串的方幂:一个字符串 x 与其自身的 n−1 次连接称为此字符串的 n 次方幂,记做 $x^0=\varepsilon$, $x^1=x$, $x^2=xx$, …, $x^n=x^{n-1}x$。例如,

$$x=ba, \quad x^1=ba, \quad x^2=baba, \quad x^3=bababa, \cdots$$

字符串集合的运算:设 L 和 M 是两个字符串集合,则

(1) 合并:$L \cup M=\{s|s \in L \text{ or } s \in M\}$。

(2) 连接:$LM=\{st|s \in L \text{ and } t \in M\}$。

(3) 方幂:$L^0=\{\varepsilon\}$, $L^1=L$, $L^2=LL$, …, $L^n=L^{n-1}L$。

(4) 字符串集合 L 的 Kleene 闭包(自反闭包),记做 L^*,即

$$L^*=\overset{\infty}{\underset{}{\cup}} L^i(i \geqslant 0)=L^0 \cup L^1 \cup L^2 \cup L^3 \cup \cdots$$

(5) 字符串集合 L 的正闭包,记做 $L^+(L^+=LL^*)$,即

$$L^+=\overset{\infty}{\underset{}{\cup}} L^i(i \geqslant 1)=L^1 \cup L^2 \cup L^3 \cup L^4 \cup \cdots$$

为了便于对上述规则的理解,以下举例进行详细说明。

例如:令 L＝{A~Z, a~z},D＝{0~9},则

(1) $L \cup D$＝{A~Z, a~z, 0~9}。

(2) LD 是由所有一个字母后跟一个数字组成的字符串所构成的集合。

(3) L^4 是由所有四个字母的字符串构成的集合。

(4) $L(L \cup D)^*$ 是由所有以字母开头的字母和数字组成的字符串所构成的集合。

(5) D^+ 是由所有长度大于等于 1 的数字串所构成的集合。

由于语言也是集合,所以语言也可以有一些重要的运算,如并、交和差等。对于词法分析而言,运算定义如表 2.2 所示。

表 2.2 语言的重要运算

运 算	定 义
L 和 M 的和(写成 L∪M)	L∪M={s|s 属于 L 或 s 属于 M}
L 和 M 的连接(写成 LM)	LM={st|s 属于 L 且 t 属于 M}
L 的闭包(写成 L*)	$L^*=\overset{\infty}{\underset{}{\cup}}L^i$,L* 表示零或多个 L 连接的并集
L 的正闭包(写成 L+)	$L^+=\overset{\infty}{\underset{}{\cup}}L^i$,L+ 表示一个或多个 L 连接的并集

例 2.3 令 L 表示集合{ A, B, …, Z, a, b, …, z }, 令 D 表示集合{ 0, 1, …, 9 }, 则用表 2.2 定义的运算作用于 L 和 D 所得到的新语言的例子如下:

(1) L∪D 是字母和数字的集合。

(2) LD 是所有一个字母后随一个数字的串的集合。

(3) L^6 是 6 个字母的串的集合。

(4) L* 是所有字母串(包括 ε)的集合。

(5) L(L∪D)* 是以字母开头的所有字母数字串的集合。

(6) D^+ 是不含空串的数字串的集合。

2.2.2 正规式与正规集

为了刻画文法的表达能力,乔姆斯基在 1956 年建立了关于形式语言描述的乔姆斯基体系,其将文法分为四种类型:0 型文法(也称短语文法)、1 型文法(也称上下文有关文法)、2 型文法(也称上下文无关文法)、3 型文法(也称正规文法)。其中,0 型强于 1 型,1 型强于 2 型,2 型强于 3 型。下面引入一种特殊的表达式,称之为正规表达式,简称正规式。用正规式描述的语言称为正规语言或正规集。对于每一个 3 型语言(对目前的情况而言,也就是每一类单词),均可方便地用此种正规式对其组成结构加以描述。特别是对词法分析程序的自动生成而言,正规式是一种极为有用的工具。

定义 2.2 正规式是按照一组定义规则,由较简单的正规式构成,每个正规式 r 表示一个语言 L(r)。定义规则描述了 L(r)是怎样以各种方式从 r 的子正规式所表示的语言组合而成的。

以下是定义字母表 Σ 上正规式的规则,与每条规则相联的是被定义的正规式所表示的语言的描述:

(1) ε 和 ∅ 都是 Σ 上的正规式,它们所表示的正规集为{ε}和∅。

(2) 任何 a∈Σ, a 是 Σ 上的正规式,它所表示的正规集为{a}。

(3) 假定 e_1 和 e_2 都是 Σ 上的正规式,它们所表示的正规集为 $L(e_1)$和 $L(e_2)$,则

① $(e_1|e_2)$为正规式,它所表示的正规集为 $L(e_1)\cup L(e_2)$;

② $(e_1.e_2)$为正规式,它所表示的正规集为 $L(e_1)L(e_2)$;

③ $(e_1)^*$为正规式,它所表示的正规集为 $(L(e_1))^*$。

仅由有限次使用上述三步骤而定义的表达式才是 Σ 上的正规式。

如果约定：

(1) 闭包运算（运算符是 * ）有最高的优先级，并且是左结合的运算；

(2) 连接运算（两个正规式并列）的优先级次之，也是左结合的运算；

(3) 或运算（运算符是 | ）的优先级最低，仍然是左结合的运算，

则可以避免正规式中一些不必要的括号。例如，((a)(b) *)|(c)等价于 ab * | c。

例 2.4 设字母表 Σ＝{a，b}，则部分 Σ 上的正规式和正规集如表 2.3 所示。

表 2.3　部分 Σ 上的正规式与正规集

正规式	正规集
a	{a}
a|b	{a，b}
ab	{ab}
(a|b)(a|b)	{aa，ab，ba，bb}
a*	{ε，a，aa，…，任意个 a 的串}

例 2.5 令 $r＝letter(letter|digit)^*$，则其正规式表示的语言为

$$L(r)=L(letter)(L(letter)\bigcup L(digit))^*$$
$$=\{A，…，Z，a，…，z\}(\{A，…，Z，a，…，z，0，…，9\})^*$$

定义 2.3 若正规式 P 和 Q 表示同一正规集，则称 P 和 Q 是等价的，记为 P＝Q。

例 2.6 令 $L(x)=\{a，b\}$，$L(y)=\{c，d\}$，且 $r_1=x|y$，$r_2=y|x$，则

$$L(r_1)=\{a，b，c，d\}，L(r_2)=\{a，b，c，d\}$$
$$L(r_1)=L(r_2)$$

正规式之间还有一些代数性质，它们可用于正规式的等价变换。表 2.4 是正规式 A、B 和 C 遵守的代数性质。

表 2.4　正规式的代数性质

公　理	描　述
A|B＝B|A	| 是可交换的
A|(B|C)＝(A|B)|C	| 是可结合的
A(BC)＝(AB)C	连接是可结合的
A(B|C)＝AB|AC (A|B)C＝AC|BC	连接对 | 是可分配的
εA＝A Aε＝A	ε 是连接的恒等元素
A*＝(A|ε)*	* 和 ε 之间的关系
A* *＝A*	幂的等价性

例 2.7 令 $r=\{d，·，e，+，-\}$，其中 d 为 0～9 的数字，则 r 上表示的无符号数的集合的正规式为 $d^*(dd^*|ε)(e(+|-|ε)dd^*|ε)$。

2.2.3　记号的定义

表 2.1 中用自然语言对模式进行了非形式化的描述，例如标识符模式的非形式化描述是"以字母开头的字母数字串"。这一描述很不精确，存在一些问题，如哪些符号是字母，哪些符号是数字，字母数字串的长度可以是多少，等等。

正规式是严格的表达式，用正规式描述模式，解决了精确描述模式的问题。另外，从词法分析器的角度上看程序设计语言，用正规式定义的记号是一个正规集。

用正规式定义记号的公式为：记号＝正规式，可以读作"（左边）记号定义为（右边）正规式"，或者"记号是正规式"。通常，在不引起混淆的情况下，也把定义记号的公式简称为正规式，或者构词规则。

例如，表 2.1 中的记号 relation、id 和 num 分别是 Pascal 的关系运算符、标识符和无符号数，它们的正规式表示如下：

reation＝<|<=|<>|>|>=|=
id＝(a|b|c|d|e|f|g|h|i|j|k|l|m|n|o|p|q|r|s|t|u|v|w|x|y|z|
　　A|B|C|D|E|F|G|H|I|J|K|L|M|N|O|P|Q|R|S|T|U|V|W|X|Y|Z|)
　　(a|b|c|d|e|f|g|h|i|j|k|l|m|n|o|p|q|r|s|t|u|v|w|x|y|z|
　　A|B|C|D|E|F|G|H|I|J|K|L|M|N|O|P|Q|R|S|T|U|V|W|X|Y|Z|
　　0|1|2|3|4|5|6|7|8|9)*
num＝(0|1|2|3|4|5|6|7|8|9)(0|1|2|3|4|5|6|7|8|9)*
　　(ε|.(0|1|2|3|4|5|6|7|8|9)(0|1|2|3|4|5|6|7|8|9)*)
　　(ε|.E(+|−|ε)(0|1|2|3|4|5|6|7|8|9)(0|1|2|3|4|5|6|7|8|9)*)

上述正规式给出了标识符的精确定义，用自然语言可以描述为"字母是英文 26 个字母大小写中的任何一个，数字是十进制阿拉伯数字中的任何一个，标识符是以字母开头的、其后可跟随零个或若干个字母或数字的字符集"。

这样的描述方式虽然精确，但是烦琐且不易读写。实际应用中常采用以下两种方法来简化对记号的说明。

1.　简化正规式描述

为了简化正规式描述，通常可以采用如下的几种正规式的缩写形式。

（1）正闭包。若 r 表示 L(r) 的正规式，则 r^+ 表示 $(L(r))^+$ 的正规式，且下述等式成立：

$$r^+ = rr^* = r^* r, \quad r^* = r^+|\varepsilon$$

＋与 ＊ 具有相同的运算优先级和结合性。

（2）可缺省。若 r 是正规式，则 r? 表示 $L(r) \bigcup \{\varepsilon\}$ 的正规式，且下述等式成立：

$$r? = r|\varepsilon$$

（3）字符组。字符组是或关系的缩写形式，它把所有存在或关系的字符集中在[]里面。其中的字符可以有如下两种书写方式。

枚举方式：如[abc]，它等价于 a|b|c。

分段方式：如[0-9a-z]，它等价于[0123456789abcdefghijklmnopqrstuvwxyz]

（4）非字符组。若[r]是一个字符组形式的正规式，则[^r]表示 $\Sigma - L(r)$ 的正规式。例如，若 $\Sigma = \{a, b, c, d, e, f, g\}$，则 L([^abc])＝{d, e, f, g}。

（5）串。若 r 是字符连接运算的正规式，则串"r"与 r 等价，即 r＝"r"。特别地，ε＝""，a＝"a"。引入串的表示可以避免与正规式中运算符的冲突。例如，"a|b"＝a"|"b≠a|b。

2. 引入辅助定义式

引入辅助定义式的主要目的是为较复杂、但需要重复书写的正规式命名，并在定义式之后的引用中，用名字代替相应的正规式。所以，辅助定义式实质上仍然是正规式，唯一的区别是正规式与外部模式匹配，而辅助定义式不与任何模式匹配。

例如，引入正规式的缩写形式和辅助定义式后，id 和 num 的正规式可重写如下：

char＝[a-z A-Z]

digit＝[0-9]

digits＝digit$^+$

optional_fraction＝(. digits)?

optional_exponent＝(E(+|－)? digits)?

id＝char(char|digit)*

num＝digit optional_fraction optional_exponent

☞　2.3　有限自动机

2.3.1　有限自动机概述

有限自动机（Finite Automata，FA）或有限状态的机器是描述特定类型算法的数学方法。特别是有限自动机可用做描述在输入串中识别模式的过程，因此也能被用作构造词法分析程序。有限自动机与正规式之间有着非常密切的关系，2.4 节中将会介绍如何从正规式中构造有限自动机。在本节和下一节的讨论中，基本例子都是正规式(a|b)*abb 表示的语言。

根据有限自动机在识别输入单个字符的过程中，其下一个状态是否确定，可以将有限自动机分为确定型有限自动机（Deterministic Finite Automata，DFA）和非确定型有限自动机（Nondeterministic Finite Automata，NFA）。

确定型有限自动机和非确定型有限自动机都能识别正规集，并得到识别器。语言的识别器是一个程序，它取串 x 作为输入，当 x 是语言的句子时，它回答"是"；否则，它回答"不是"。通过构造有限自动机的更一般的转换图，可以把正规式翻译成识别器。

确定型有限自动机和非确定型有限自动机之间存在着时空权衡问题，从确定型有限自动机得到的识别器比从等价的非确定型有限自动机得到的识别器要快得多，但是确定型有限自动机可能比等价的非确定型有限自动机占用更多的空间。由于把正规式变成非确定型有限自动机更直接一些，因此首先讨论这一类自动机。

2.3.2　状态转换图

有限自动机（FA）是识别正规集的一种数学模型，是设计和实现扫描器的有效工具。状态转换图是有限自动机的直观图示。

　　状态转换图是由一组矢量线连接的有限个结点所组成的有向图。每个结点均代表识别单词时词法分析器所处的状态，用圆圈表示，在圆圈中标记状态的名字或者编号。其中有一个初始状态和多个终态，为了显示终态与其他状态的区别，通常用双圆圈表示终态。状态之间由带箭头的弧连接，称其为边。边上有指示输入字符的标记，标记通常是一个字符，它表示当词法分析器处于引入该边的结点所指示的状态时，可能扫描到的输入字符，而边进入的结点则指示其下一个状态。

　　例 2.8　如图 2.7 所示，在状态 1 下，如果输入字符为 x，则读入 x，并转换到状态 2，如果输入字符为 y，则读入 y，并转换到状态 3。

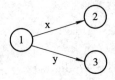

图 2.7　转换示例图

　　一个状态转换图可以用于识别一定的字符串，即是从初态出发到某一终态路径上字符的连接。识别标识符的状态转换图如图 2.8 所示。

图 2.8　识别标识符的状态转换图

　　例 2.9　识别表 2.1 中记号 relation 的状态转换图如图 2.9 所示。

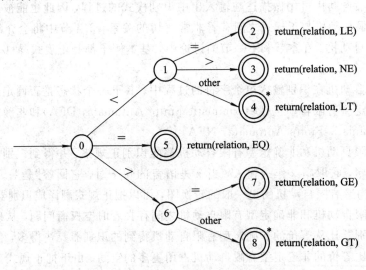

图 2.9　关系运算符的状态转换图

　　根据图 2.9，如果输入串是"＜＝"，那么控制从开始状态 0 到达接受状态 2，读出词法单元＜＝，执行动作 return(relation，LE)。注意：如果到达接受状态 4，则意味着＜和另一个字符已被读过，由于第二个字符不是关系运算符＜的一部分，因此必须把输入串上指示下一个字符的指针回移一个字符，用 * 表示输入指针必须回移的状态。由此可见，状态转换图识别的每一个记号实质上就是从初态开始到某个终态路径上的字符的连接。

状态转换矩阵是有限自动机的另一种直观表达方式，它可以和状态转换图相互转换。

例 2.10 根据图 2.10 可以得出相应的状态转换矩阵，如表 2.5 所示。

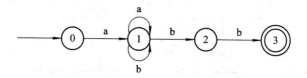

图 2.10 状态转换图

表 2.5 状态转换矩阵

S	a	b
0	{1}	—
1	{1}	{1, 2}
2	—	{3}
3	—	—

2.3.3 非确定型有限自动机(NFA)

定义 2.4 非确定型有限自动机(NFA)是一个五元组：
$$M=(S, \Sigma, move, s_0, F)$$
其中：S 是一个有限的状态集合；Σ(输入符号字母表)是一个输入符号的集合；move：$S \times \Sigma \rightarrow S$ 是一个状态转换函数，move $(s_i, ch) = s_j$ 表示当前状态 s_i 下若遇到输入字符 ch，则转移到状态 s_j；状态 s_0 是唯一的开始状态，$s_0 \in S$；状态集合 F 是终态集(接受状态集合)，并且 $F \subseteq S$。

例 2.11 识别正规式 $(a|b)^* abb$ 的 NFA 定义如下：
$$S=\{0, 1, 2, 3\}, \Sigma=\{a, b\}, s_0=0, F=\{3\}$$
$$move=\{move(0, a)=0, move(0, a)=1,$$
$$move(0, b)=0, move(1, b)=2, move(2, b)=3\}$$

由 2.3.2 节内容可知，有限自动机(FA)是识别正规集的一种数学模型，可以由状态转换图和状态转换矩阵直观表示。因此，例 2.11 的状态转换图和状态转换矩阵分别如图 2.11 和表 2.6 所示。

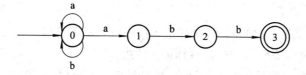

图 2.11 状态转换图表示识别 $(a|b)^* abb$ 的 NFA

表 2.6　状态转换矩阵表示识别(a|b)*abb 的 NFA

S	a	b
0	{0, 1}	{0}
1	—	{2}
2	—	{3}
3		

　　判断有限自动机是否属于非确定型有限自动机,主要是根据有限自动机在识别输入单个字符的过程中,其下一个状态是否确定。因此,非确定型有限自动机(NFA)具有不确定的特点,即在当前状态下,对于同一字符,可能有若干个下一个状态的转移。反映在非确定型有限自动机(NFA)的定义中,就是 move 函数是一对多的;反映在状态转换图中,就是由一个当前结点可发出多条边转移到不同的状态;反映在状态转换矩阵中,就是 move(s_i, ch)不是一个单一状态,而是一个状态集。

　　通常情况下,NFA 识别输入串 x,当且仅当转换图中存在从开始状态到某个接受状态的路径,该路径各边上的标记拼成 x,其识别过程是:从 NFA 的初态开始,对于输入序列的每一个字符寻找它的下一个状态转移,直到没有下一个状态转移,若此时所处状态是终态,则从初态到终态路径各边的所有标记构成了一个识别出的记号;否则,沿着原路径返回,并在每个返回结点试探可能的下一条路径,直到遇到终态或者没有遇到终态一直返回到初态。

　　例 2.12　用例 2.11 的 NFA 接受输入序列 abb。

　　abb:0 $\underset{a}{}$ 0 $\underset{b}{}$ 0 $\underset{b}{}$ 0 非终态,不接受,试探下一路径;

　　abb:0 $\underset{a}{}$ 1 $\underset{b}{}$ 2 $\underset{b}{}$ 3 终态,接受。

　　对于识别 abb,从开始状态出发有两条路径,首先沿着其中一条路径,从状态 0 出发,经过字符 a 到达状态 0,再经过字符 b 到达状态 0,然后又经过字符 b 到达状态 0,此时输入序列已经结束,但是 NFA 没有到达终态,所以沿原路径返回,当回到初态 0 时,输入字符 a,还有另外一条路径,所以沿着这条路径,初态 0 出发,经过字符 a 到达状态 1,经过字符 b 到达状态 2,经过字符 b 到达状态 3。此时,由于输入序列结束,且所处状态是终态,所以字符序列 abb 被 NFA 识别,或者说被 NFA 接受。

2.3.4　确定型有限自动机(DFA)

　　定义 2.5　确定型有限自动机(简称 DFA)是非确定型有限自动机(NFA)的特殊情况。其中:

　　(1)任何状态都没有 ε 转换,即没有任何状态可以不进行输入符号的匹配就直接进入下一个状态,也即在终态转换图中没有标记 ε 的边。

　　(2)对任何状态 s_i 和任何输入符号 a,最多只有一条标记为 a 的边离开 s_i,即转换函数 move:S×Σ→S 可以是一个部分函数,即对于每个状态 s_i 和每一个字符 a,最多有一个下一个状态。

与 NFA 相比，DFA 的特点就是确定性，当 DFA 识别输入序列时，在任何一个当前状态下遇到任何一个非 ε 的字符，其下一个状态转移是唯一确定的。DFA 识别输入序列的算法如下：

算法 2.1 模拟 DFA

输入 输入串 x，由文件结束符 eof 结尾。一个 DFA D，其开始状态是 s_0，其接受状态集合是 F。

输出 如果 D 接受 x，则回答"yes"，否则回答"no"。

方法 将图 2.8 的算法施加于输入串 x。函数 move(s, c) 给出一个状态，它是面临输入符号 c、状态 s 的转换。函数 nextchar() 返回输入串 x 中的下一个字符。

1. $s := s_0$;
2. c := nextchar();
3. while c ≠ eof do
4.   s := move(s, c);
5.   c := nextchar();
6. end;
7. if s 属于 F then
8.   return "yes"
9. else return "no";

例 2.13 图 2.12 所示的转换图和表 2.7 所示的转换矩阵表示一个 DFA，它和例 2.11 的 NFA 识别同样的语言 (a|b)* abb。用这个 DFA 识别输入序列 abb，算法 2.1 沿着状态 0、1、2 和 3 移动，并返回"yes"。

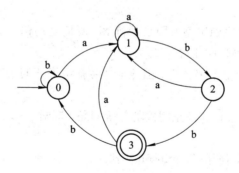

图 2.12 状态转换图表示的 DFA

表 2.7 转换矩阵表示的 DFA

S	a	b
0	1	0
1	1	2
2	1	3
3	1	0

☞ **2.4　正规式到词法分析器**

2.1～2.3 节介绍了构造词法分析器的基础，本节将重点介绍从正规式到词法分析器的一般构造方法和过程。

构造词法分析器的方法和过程如下：

(1) 用正规式对模式进行描述。

(2) 为每一个正规式构造 NFA。

(3) 将构造出的 NFA 转换成等价的 DFA，这一过程也被称为确定化。

(4) 把 DFA 化为最简形式，这一过程也被称为最小化。

(5) 从简化后的 DFA 构造词法分析器。

2.4.1　由正规式构造等价的非确定型有限自动机(NFA)

首先引入关于有限自动机等价的概念。

定义 2.6　若有两个有限自动机 M_1 和 M_2，如果

$$L(M_1) = L(M_2)$$

即它们接受相同的语言或者说它们识别同一个正规集，则称有限自动机 M_1 和 M_2 是等价的，记为 $M_1 = M_2$。

例如，例 2.11 和例 2.13 的 FA 均识别以正规式 $(a|b)^*abb$ 所表示的正规集，两个 FA 是等价的。

定理 2.1　设 L 是被非确定型有限自动机 M_1 所接受的语言，则一定存在一个确定型有限自动机 M_2，满足 $L(M_1) = L(M_2)$。

由于证明该定理已超出本书范围，因此，本书省略了证明过程，有兴趣的读者可参考自动机理论的相关书籍。

从正规式到 NFA 的过程涉及正规式的等价问题，即对于每一个正规式 r，均可构造一 NFA M，使 $L(M) = L(r)$。

由正规式构造 NFA，使用 Thompson 算法。

算法 2.2　Thompson 算法

输入　字母表 Σ 上的正规式 r。

输出　接受 $L(r)$ 的 NFA M。

方法　首先分析 r，把它分解成最基本的正规式；然后使用下面的规则(1)和(2)，为 r 中的每个基本符号(ε 或字母表符号)构造 NFA；再根据正规式 r 的语法结构，用下面的规则(3)和(4)归纳地组合这些 NFA，直到获得整个正规式的 NFA 为止。对于每次构造的新状态都赋予不同的名字。

(1) 对于 ε，构造如图 2.13 所示的 NFA。其中，s_0 是初态，f 是终态。很明显，该 NFA 识别 $\{\varepsilon\}$。

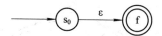

图 2.13 识别正规式 ε 的 NFA

(2) 对于 Σ 中的每个符号 a，构造如图 2.14 所示的 NFA。其中，s_0 是初态，f 是终态。该 NFA 识别 {a}。

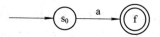

图 2.14 识别正规式 a 的 NFA

(3) 如果 M(p) 和 M(q) 分别是正规式 p 和 q 的 NFA，则

① 对于正规式 p | q，构造合成的 NFA M(p | q)，结果如图 2.15 所示。其中，s_0 是新的初态，f 是新的终态。从 s_0 到 M(p) 和 M(q) 的初态有 ε 转换，从 M(p) 和 M(q) 终态到 f 也有 ε 转换。M(p) 的初态 S_p 和终态 F_p 及 M(q) 的初态 S_q 和终态 F_q 不再是 M(p | q) 的初态和终态。这样，从 s_0 到 f 的任何路径必须排他地通过 M(p) 或 M(q)。这个合成的 NFA 识别 $L(p) \bigcup L(q)$。

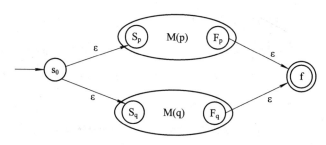

图 2.15 识别正规式 p|q 的 NFA

② 对于正规式 pq，构造合成的 NFA M(pq)，结果如图 2.16 所示。M(p) 的初态成为合成后的 NFA 的初态，M(q) 的终态成为合成后的 NFA 的终态，M(p) 的终态和 M(q) 的初态合并，记为 SF，也就是 M(q) 的初态的所有转换成为 M(p) 的终态的转换。合并后的这个状态不作为合成后的 NFA 的初态或终态。从 s_0 到 f 的路径必须首先经过 M(p)，然后经过 M(q)，所以这种路径上的标记拼成 L(p)L(q) 的串。因为没有边进入 M(q) 的初态或离开 M(p) 的终态，所以在状态 0 到状态 f 的路径中不存在 M(q) 回到 M(p) 的现象，故合成的 NFA 识别 L(p)L(q)。

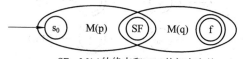

SF：M(p) 的终态和 M(q) 的初态合并

图 2.16 识别正规式 pq 的 NFA

③ 对于正规式 p^*，构造合成的 NFA $M(p^*)$，结果如图 2.17 所示。同样，s_0 和 f 分别是新的初态和终态。在这个合成的 NFA 中，可以沿着 ε 边直接从 s_0 到 f，这代表 ε 属于 $(L(p))^*$，也可以从 s_0 经过 M(p) 一次或多次。显然，该 NFA 识别 $(L(p))^*$。

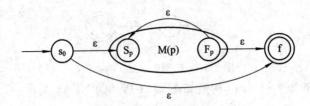

图 2.17 识别正规式 p* 的 NFA

（4）对于括起来的正规式(p)，使用 M(p)本身作为它的 NFA。

例 2.14 用 Thompson 算法构造正规式 r＝(a|b)* abb 的 NFA M(r)。

首先，分解正规式 r，其语法树如图 2.18 所示。

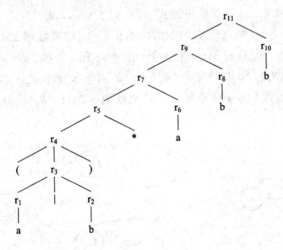

图 2.18 正规式 r＝(a|b)* abb 的分解

根据 Thompson 算法构造正规式的具体步骤如下：

① 运用算法 2.2 的规则(1)初始构造如图 2.13 所示。

② 运用算法 2.2 的规则(2)分别为正规式 $r_1＝a$，$r_2＝b$，$r_6＝a$，$r_8＝b$，$r_{10}＝b$，构造 NFA $M(r_1)$、$M(r_2)$、$M(r_6)$、$M(r_8)$、$M(r_{10})$，如图 2.19 所示。

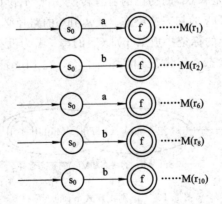

图 2.19 识别正规式的 NFA

③ $r_3＝r_1|r_2$ 运用算法 2.2 的规则(3)中的①构造 $M(r_3)$，如图 2.20 所示。

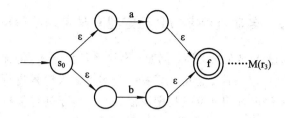

图 2.20 　 $r_3 = r_1 | r_2$ 的 NFA

④ 运用算法 2.2 的规则(4)得到 $M(r_4) = M(r_3)$。

⑤ $r_5 = r_4^*$ 运用算法 2.2 的规则(3)中的③构造 $M(r_5)$，如图 2.21 所示。

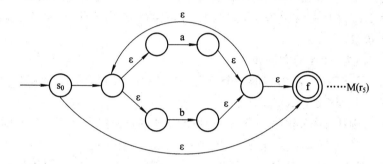

图 2.21 　 $r_5 = r_4^*$ 的 NFA

⑥ $r_7 = r_5 r_6$，$r_9 = r_7 r_8$，$r_{11} = r_9 r_{10}$ 运用算法 2.2 的规则(3)中的②构造 $M(r_7)$、$M(r_9)$、$M(r_{11})$，其中 $M(r_{11})$ 是最终 NFA，并对其进行编号，0 为初态，10 为终态，如图 2.22 所示。

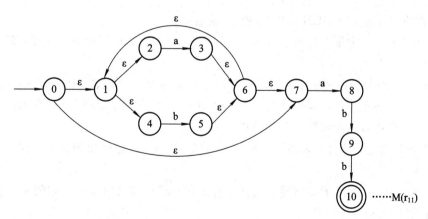

图 2.22 　 正规式 $r = (a|b)^* abb$ 最终的 NFA $M(r)$

从例 2.14 中可以看出，产生的 NFA M 有下列性质：

(1) $M(r)$ 的状态数最多是 r 中符号和运算符总数的两倍。这是因为构造的每一步最多可引入两个新的状态。

(2) $M(r)$ 只有一个初态，终态没有向外的转换。

(3) $M(r)$ 的每个状态有一个用 Σ 的符号标记的指向其他结点的转换，或者有最多两个指向其他结点的 ε 转换。

2.4.2 非确定型有限自动机(NFA)到确定型有限自动机(DFA)的变换

由于 NFA 对一个输入存在二义性,例如,不接受任何输入(即面对 ε)也有两个转换,在某些场合还会出现既可以根据 ε 也可以根据一个实际输入符号进行转换的情况,这种转换函数多值的情况,使得很难用计算机程序模拟 NFA。为了使计算机程序能够更好地模拟 FA,需要把 NFA 变换为 DFA,因此,这一过程也叫作确定化。

从 NFA 构造识别同样语言的 DFA,这个算法通常称为子集构造法。

子集构造法的思想:在 NFA 的转换表里,每个条目是一个状态集;在 DFA 的转换表中,每个条目只有一个状态。由 NFA 构造等价的 DFA 的一般思想是让新构造的 DFA 的每个状态代表 NFA 的一个状态集,这个 DFA 用它的状态去记住该 NFA 在读输入符号后能到达的所有状态。

将 NFA 变换为 DFA 的方法如下:

(1) 假定 I 是 NFA N 状态集的一个子集,则定义 ε_CLOSURE(I)为:

① 若 q∈I,则 q∈ε_CLOSURE(I);

② 若 q∈I,则从 q 出发经过任意条 ε 边所能到达的任何状态 q′都属于 ε_CLOSURE(I),即任何 move(ε_CLOSURE(q),ε)∈ε_CLOSURE(I)。

(2) 假定 I 是 N 的状态集的一个子集,a∈Σ,则定义 I_a=ε_CLOSURE(J)。其中,J 是所有可以从 I 中的某一状态结点出发经过一条 a 边所能到达的状态结点的全体。注意:只能从 I 中的某一状态结点出发,不得超出 I 集的范围;此外,由某一状态结点出发,可以经过任意条 ε 边(也可不出现 ε 边),但在经过的通路上,除了 ε 边外只能出现而且必须出现一次标记为 a 的边,不得出现其他标记的边。

(3) 在定义了 ε_CLOSURE 之后,把 N 确定化。

为表述方便,令字母表 Σ 只包含两个字符 a 和 b。于是,可以构造一张表,此表含有三列,分别标记为 I、I_a、I_b。

① 置该表第一行第一列为 ε_CLOSURE({X}),这是一个包含 M 的初态 X 的 ε 闭包。一般来说,若某一行的第一列的状态子集已经确定下来,例如记为 I,那么可根据上述的定义,求出这一行的第二列和第三列的子集 I_a 和 I_b。

② 检查 I_a 和 I_b,看它们是否已在表的第一列中出现,将未曾出现者填入到下面空行的第一列位置上。

③ 对未填入 I_a 和 I_b 的新行重复上述过程,直到所有第二列和第三列的子集全都在第一列中出现过为止。

上述过程必然在有限步骤内终止(因 N 的状态子集个数有限)。将已构造好的表看做一张状态转换表,把其中的每个子集看成是一个新的状态,这张表唯一地刻画了一个确定有限自动机 M。它的初态是该表的第一行第一列的 ε_CLOSURE({X}),它的终态就是那些含有原终态 Y 的子集。至此,已将 NFA N 确定为 DFA M。

例 2.15 正规式 r=(a|b)* abb 对应的 NFA N 如图 2.22 所示,其中 0 是初态,10 是终态。按照上述方法进行 NFA 到 DFA 的变换。

首先,按照上述方法构造出新的状态转换矩阵,如表 2.8 所示。

表 2.8　对应图 2.22 中正规式的状态转换矩阵

I	I_a	I_b
{0, 1, 2, 4, 7}	{3, 8, 6, 7, 1, 2, 4}	{5, 6, 7, 1, 2, 4}
{3, 8, 6, 7, 1, 2, 4}	{8, 3, 6, 7, 1, 2, 4}	{9, 5, 6, 7, 1, 2, 4}
{5, 6, 7, 1, 2, 4}	{8, 3, 6, 7, 1, 2, 4}	{5, 6, 7, 1, 2, 4}
{9, 5, 6, 7, 1, 2, 4}	{8, 3, 6, 7, 1, 2, 4}	{10, 5, 6, 7, 1, 2, 4}
{10, 5, 6, 7, 1, 2, 4}	{8, 3, 6, 7, 1, 2, 4}	{5, 6, 7, 1, 2, 4}

将表 2.8 中的所有状态子集重新命名，得到如表 2.9 所示的状态转换矩阵。其中，A 为初态，由于 E 含有原终态 10，故 E 为新的终态。新的 DFA 对应的状态转换图如图 2.23 所示。

表 2.9　对应表 2.8 重新命名后的状态转换矩阵

S	a	b
A	B	C
B	B	D
C	B	C
D	B	E
E	B	C

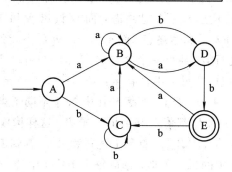

图 2.23　DFA 的转换图

例 2.16　在图 2.23 的 DFA 上识别输入序列 abb。

识别 abb：A $\underset{a}{\to}$ B $\underset{b}{\to}$ D $\underset{b}{\to}$ E 接受。其结果与在 NFA 上识别的结果一致。

2.4.3　确定型有限自动机(DFA)的化简

任何一种 DFA 都定义了唯一的一种语言，反之就不一定正确。对于一个给定的语言，有很多 DFA 都可以接受它，这些等价的 DFA 的状态数目却可能差别很大。例如，比较图 2.12 和图 2.23 所示的 DFA，它们接受相同的正规集，说明二者是等价的，但是它们的状态数目却不同。显然，对于每一个正规集可以由一个状态数目最少的 DFA 识别。因此，将一个 DFA 等价变换为另一个状态数目最少的 DFA 的过程叫作 DFA 的化简，也称为 DFA 的最小化。

在给出具体的 DFA 化简方法之前，先引入等价状态的概念。

设 p，q∈S，对于任一输入序列 ω∈Σ*，有

$$move(p, ω) \in F, 且 move(q, ω) \in F$$

则称状态 p 和 q 等价，否则，称 p 和 q 是可区分的，也即存在 x∈Σ*，使得 move(p, x) 和 move(q, x) 为不同的终态。

DFA M 化简的基本思想是：将 M 的状态集 S 按照等价关系划分为互不相交的子集，使得属于同一子集的各个状态是相互等价的，而属于不同子集的任何两个状态都是可区分的；然后从每个子集中各选一个状态作为相应子集的代表，这些状态便组成了 S_{new}。如果某个原状态子集中含有 M 的初态 s_0，则其代表成为 M_{new} 的初态 $s_{0\ new}$，如果某个原状态子集中含有 M 的终态，则其代表将成为 M_{new} 的一个终态。其算法如下：

算法 2.3 化简 DFA

输入 一个 DFA M，它的状态集合是 S，输入符号集合是 Σ，转换函数是 move：S×Σ→S，开始状态是 s_0，接受状态集合是 F。

输出 一个 DFA M′，它和 M 接受同样的语言，且状态数最少。

方法 (1) 把 M 的状态集划分为终态 F 和非终态 S−F 两个子集，形成基本划分 Π＝{S−F，F}。

(2) 假定到某个时候，Π 已含 m 个子集，记为 Π＝{I(1)，I(2)，…，I(m)}，检查 Π 中的每个子集，看其是否能进一步划分，即对某个 I(i)，令 I(i)＝{s_1，s_2，…，s_k}，若存在一个输入字符 a，使得 $I_a(i)$ 不会包含在 Π 的某个子集 I(j) 中，则至少应把 I(i) 分为两个部分。

例如，假定状态 s_1 和 s_2 经 a 边分别到达 t_1 和 t_2，而 t_1 和 t_2 属于 Π 中的两个不同子集，说明有一个字符 w，t_1 读出 w 后到达终态，而 t_2 读出 w 后不能到达终态，或者反之，那么对于字符 w，s_1 读出 aw 后到达终态，而 s_2 读出 aw 后不能到达终态，或者反之，所以 s_1 和 s_2 不等价。将其分成两半，使得一半含有 s_1：$I(i_1)$＝{s|s∈I(i)且 s 经 a 边到达 t，且 t 与 t_1 不属于 Π 中的同一子集}，另一半含有 s_2：$I(i_2)$＝I(i)−$I(i_1)$。

一般而言，对某个 a 和 I(i)，若 $I_a(i)$ 落入 Π 中 N 个不同子集，则应把 I(i) 划分成 N 个不相交的组，使得每个组 J 的 J_a 都落入 Π 的同一子集。这样构成新的划分 $Π_{new}$。

(3) 如果 $Π_{new} \neq Π$，则令 Π＝$Π_{new}$，重复上述过程(2)，直到 Π 所含子集数不再增长。

对于上述最后划分 Π 中的每个子集，选取每个子集 I 中的一个状态代表其他状态，则可得到化简后的 DFA M′。若 I 含有原来的初态，则其代表为新的初态；若 I 含有原来的终态，则其代表为新的终态。

例 2.17 对图 2.23 中的 DFA M 进行状态化简。

① 初始划分 Π＝{{A，B，C，D}，{E}}。

② 进一步划分考察子集{A，B，C，D}。为了描述方便起见，以下用{ }$_a$ 表示：当 DFA M 分别处于该子集各状态之下，对输入符号 a 转移到下一状态所组成的集合。

考察当前划分 Π。E 自身一组，不能再分，ABCD 在一组，查看它们的状态转移。

因为{A，B，C，D}$_a$＝{B}⊂{A，B，C，D}，但{A，B，C，D}$_b$＝{C，D，E}，不属于任何子集，故{A，B，C，D}可以再进行划分。

因为{A，B，C}$_b$＝{C，D}⊂{A，B，C，D}，{D}$_b$＝{E}⊆{E}，故可以将{A，B，C，D}划分为{A，B，C}和{D}，这时 $Π_{new}$＝{{A，B，C}，{D}，{E}}。

接下来判断 Π_{new} 与 Π。如果 $\Pi_{new} \neq \Pi$，则令 $\Pi = \Pi_{new}$，即 $\Pi = \{\{A, B, C\}, \{D\}, \{E\}\}$，对于 Π 再进行新的考察。其中 ABC 在一组，查看它们的状态转移。

因为 $\{A, B, C\}_a = \{B\} \subset \{A, B, C\}$，$\{A, B, C\}_b = \{C, D\}$，不属于任何子集，故 $\{A, B, C\}$ 可以再进行划分。

因为 $\{A, C\}_b = \{C\} \subset \{A, B, C\}$，$\{B\}_b = \{D\} \subseteq \{D\}$，所以 $\{A, B, C\}$ 可以进一步划分为 $\{A, C\}$ 和 $\{B\}$，这时 $\Pi_{new} = \{\{A, C\}, \{B\}, \{D\}, \{E\}\}$。接着考察 AC 一组，查看它们的状态转移。

因为 $\{A, C\}_a = \{B\} \subseteq \{B\}$，$\{A, C\}_b = \{C\} \subseteq \{C\}$，显然，状态 AC 是等价状态，不可区分的，则 $\Pi_{new} = \{\{A, C\}, \{B\}, \{D\}, \{E\}\}$ 是最终的划分。

对于 Π_{new} 状态集重新编号，用 0 代表 AC，1、2、3 分别代表 C、D、E，可得到新的状态转换矩阵和新的状态转换图，分别如表 2.7 和图 2.12 所示。

☞ 2.5 词法分析器的自动生成

当一种语言的各类单词用前述的方式(有限自动机或者正规式)定义之后，可以有两种途径实现词法分析器。一种途径是用手工编写词法分析程序，这个过程一般是根据状态转换图构造状态转换矩阵，其中给出当前状态和当前输入字符应转向的下一状态以及词法分析器应完成的语义处理操作。此状态转换矩阵连同一个驱动程序便组成了编译原理的词法分析器。另一种途径是词法分析器的自动生成，即首先用正规式对语言中的各类单词符号进行模式形式化的描述，并在输入序列识别出该模式的单词时，词法分析器进行相应的语义处理，然后由词法分析器的自动生成工具对上述信息进行加工处理，最后输出词法分析器的源代码。

由于手工生成词法分析器的工作量太大，在实际中常用自动生成工具。其中最著名的是贝尔实验室的词法分析器生成工具 Lex。

下面以自动生成工具 Lex 为例，介绍词法分析器的产生过程。

词法分析器的说明是用 Lex 语言建立于程序 lex.1 中，然后 lex.1 通过 Lex 编译器产生 C 语言程序 lex.yy.c。程序 lex.yy.c 包括从 lex.1 的正规式构造出的状态转换图(用表格形式表示)和使用这张状态转换图识别词法单元的标准子程序。在 lex.1 中，和正规式相关联的动作是用 C 语言的代码表示的，它们被直接搬入 lex.yy.c 中。最后，lex.yy.c 被编译成目标程序 a.out，它就是把输入串变成记号序列的词法分析器。词法分析器的产生过程如图 2.24 所示。

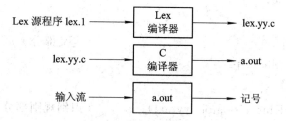

图 2.24 词法分析器的产生过程

可见，用户使用 Lex 开发词法分析器的关键在于编写 Lex 源程序。

通常，Lex 源程序包括定义、识别规则和辅助函数三个部分，用双百分号％％分隔。其书写格式如下：

定义部分

％％

识别规则部分

％％

辅助函数部分

(1) 定义部分：对识别规则部分所要引用的文件和变量进行说明，包括变量定义、常量定义和宏定义等。除宏定义之外，它们与 C 语言程序的书写格式和含义类似。

宏定义由若干个空格或制表符连接其相应的宏名字和宏内容，例如：

letter	[A-Z a-z]
digit	[0-9]
i	{letter}({letter}|{digit})*
number	{digit}+(\ . {digit}+)? (E[+\−]? {digit}+)?

而除了宏定义之外，定义的其余部分用符号"％{"和"％}"括起来。

(2) 识别规则部分：其作用是对定义部分给出语义动作。识别规则的形式为

p_1	{ 动作 1}
p_2	{ 动作 2}
⋮	⋮
p_n	{ 动作 n}

其中，每个 p_i 是一个正规式，称为模式；每个动作 i 是描述模式 p_i 匹配词法单元时词法分析器应执行的程序段。这些识别规则决定了词法分析器的功能，分析器只能识别具有模式 p_1，p_2，…，p_n 的单词符号。

(3) 辅助函数部分：主要包含了识别规则部分内语义动作代码段中所调用的局部函数的定义。Lex 翻译程序仅将它们拷贝到 lex. yy. c 文件中而不作任何加工。

下面给出一个 Lex 源文件的例子，以加深读者对本小节所讨论内容的理解。

```
%{
#include <stdlib. h>
#include <stdio. h>
int count = 0;
%}
digit        [0-9]                      /＊定义部分＊/
number       {digit}+
%%
{number}  { int n = atoi (yytext);      /＊识别规则部分＊/
            printf ("%x", n);
```

```
        if (n＞9) count＋＋; }
%％
main()
{    yylex ();
     fprintf ( stderr , ″number of replacement ＝ ％d″, count);
     return0;
}
```

☞ **2.6　本　章　小　结**

本章首先介绍词法分析器的功能和设计原则及其相关问题，然后引入正规式和其对单词的描述，接着讲述有限自动机理论，最后给出词法分析器的自动构造原理。

词法分析是编译第一阶段的工作，它读入字符流的源程序，按照词法规则识别单词，交由语法分析器继续进行相关的分析。

通过本章的学习，读者应掌握下述内容：

（1）记号、模式与单词的概念，以及模式的形式化描述。

（2）正规式的概念及其与有限自动机的关系。

（3）有限自动机的概念和它的两种表达方式：状态转换图和状态转换表。

（4）从正规式到非确定型有限自动机（NFA）的转换。

（5）非确定型有限自动机（NFA）到确定型有限自动机（DFA）的转换。

（6）确定型有限自动机（DFA）的化简。

（7）词法分析器自动生成的原理与基本方法。

☞ **习　题　2**

一、填空题

1. 词法分析器的任务是从源程序中识别出一个个_____。

2. 表示源程序中信息单元的字符序列叫作_____。

3. 有限字母表 Σ 上有限长度的字符串的集合叫作_____。

4. 确定型有限自动机（DFA）是_____的一个特例。

5. Lex 源程序的三个组成部分分别为_____、_____和_____。

二、选择题

1. 词法分析器用于识别_____。

　　A. 句子　　　　　　B. 句型　　　　　　C. 单词　　　　　　D. 产生式

2. 状态转换图如图 2.25 所示，接受的字符集是_____。

A. 以 0 开头的二进制数组成的集合

B. 以 0 结尾的二进制数组成的集合

C. 含奇数个 0 的二进制数组成的集合

D. 含偶数个 0 的二进制数组成的集合

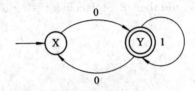

图 2.25 状态转换图

3. 乔姆斯基(Chomsky)把文法分为四种类型,即 0 型、1 型、2 型、3 型。其中 3 型文法是_____。

A. 短语文法   B. 正规文法

C. 上下文有关文法   D. 上下文无关文法

三、判断题

1. 一个有限自动机中,有且仅有一个唯一的终态。   ( )

2. 对任何正规式 e,都存在一个 NFA M,满足 L(G)=L(e)。   ( )

3. 如果有限自动机 M_1 和 M_2 接受相同的语言或者说它们识别同一个正规集,则称 M_1 和 M_2 等价。   ( )

四、名词解释

正规式   非确定型有限自动机(NFA)

五、问答题

1. 简要说明词法分析器的功能。

2. 简要叙述由正规式构造词法分析器的一般方法和过程。

3. 简述 DFA 与 NFA 的区别。

4. 叙述正规式(00 | 11)*((01|10) (00|11)* (01|10) (00|11)*)*描述的语言。

5. 设 A 是任意的正规式,证明下述关系成立:

(1) A|A=A;

(2) (A*)*=A*;

(3) A*=ε|AA*。

6. 已知 NFA 定义如下:

     N=(S={0, 1}, Σ={a, b}, s_0=0, F={0}, move={move(0, a)=0,

         move(0, a)=1, move(0, b)=1, move(1, a)=0})

(1) 画出 N 的状态转换图;

(2) 构造 N 的最小 DFA M;

(3) 给出 M 所接受语言的正规式描述;

(4) 列举语言中的三个串,并给出 M 识别它们的过程。

7. 设字母表 Σ＝{a, b}，给出 Σ 上的一个正规式 (a｜b)*a(a｜b)(a｜b)，要求：

(1) 构造该正规式所对应的 NFA(画出状态转换图)；

(2) 将所求的 NFA 确定化(画出 DFA 的状态转换图)；

(3) 将所求的 DFA 最小化。

8. 有限自动机 M 接受字母表 Σ＝{0，1}上所有满足下述条件的串：串中至少包含两个连续的 0 或两个连续的 1 。

(1) 给出与 M 等价的正规式；

(2) 将 M 最小化；

(3) 构造与 M 等价的正规文法。

第 3 章 语 法 分 析

　　语法分析是以单词串形式的源程序作为输入或分析的对象。其基本任务是：根据语言的语法规则(即根据描述该语言的上下文无关文法(Context Free Grammar, CFG))，分析源程序的语法结构，即分析如何由这些单词组成各种语法范畴(如下标变量、表达式、语句、程序段或分程序，乃至整个源程序等)，并在分析过程中，对源程序进行语法检查。

　　本章将详细介绍编译器所采用的典型语法分析方法。首先提出有关上下文无关文法的基本概念；其次介绍适合于手工实现的预测分析技术；最后给出用于自动工具的 LR 分析算法。

☞　3.1　上下文无关文法(CFG)

　　正规式与正规文法是等价的，且正规文法的描述能力有限，而高级语言的语法结构更适合用上下文无关文法描述，因此，上下文无关文法是语法分析的基础。

3.1.1　上下文无关文法的定义

　　定义 3.1　一个上下文无关文法是一个四元组 G＝(N, T, P, S)，其中：

　　(1) N 是一个非空有限集合，其元素称为非终结符。非终结符定义终结符串的集合，用来帮助定义由文法决定的语言。

　　(2) T 是一个非空有限集合，其元素称为终结符，并有 T∩N ＝∅。在谈论程序设计语言的文法时，记号是终结符的同义词。

　　(3) P 是产生式的有限集合。每个产生式的形式是 A →α(有时用∷＝ 代替箭头，即 A∷＝α)。其中：A∈N，被称为产生式的左部；α∈(T∪N)*，被称为产生式的右部。产生式指出了终结符和非终结符组成串的方式。

　　(4) S 是非终结符，称为开始符号。开始符号至少出现在某个产生式的左部。由 S 定义的终结符串集就是文法定义的语言。

　　在某些情况下，约定的 S 代表第一个产生式的左部，文法可以由产生式集 P 所代替。也就是说，有时不写四元组，而只写产生式 P，这种上下文无关文法的产生式的表示方法被称为巴克斯范式(BNF)。

　　为了便于读者对文法的理解，下面以例 3.1 进行详细说明。

　　例 3.1　简单算术表达式的上下文无关文法 G3.1＝(N, T, P, S)如下：

$$N = \{E\} \quad T = \{+, *, (,), -, i\} \quad S = E$$

$$
\begin{array}{lll}
\text{P:} & E \rightarrow E + E & (1) \\
& E \rightarrow E * E & (2) \\
& E \rightarrow (E) & (3) \qquad\qquad\qquad (\text{G3.1}) \\
& E \rightarrow - E & (4) \\
& E \rightarrow i & (5)
\end{array}
$$

1. 产生式的一般读法

一般情况下，产生式中的记号"→"读作"定义为"或者"可导出"。例如，文法 G3.1 中的产生式"E→E+E"可以读作"E 定义为 E+E"或者"E 可导出 E+E"，也可用自然语言表述为"算术表达式定义为两个算术表达式相加"，或者"一个算术表达式加上另一个算术表达式，仍然是一个算术表达式"。

2. 终结符与非终结符的书写规则

一个文法可能有许多的产生式，如果在终结符与非终结符的书写规则上没有明确的规定，将很难区分终结符和非终结符。因此，对于终结符与非终结符的书写给予一定的规范。区分终结符与非终结符的规范有很多种，例如，

（1）用大小写区分：E→i。

（2）用""区分：E→"i"，E→E"+"E。

（3）用〈〉区分：〈E〉→〈E〉+〈E〉。

为了统一规范，约定：大写英文字母 A、B、C 表示非终结符；小写英文字母 a、b、c 表示终结符；小写希腊字母 α、β、δ 表示任意文法符号序列。

3. 产生式的合并

当若干个产生式具有相同的左部非终结符时，可以将它们合并为一个产生式，该产生式的左部是此非终结符，右部是所有原来右部的或运算（并集合），产生式以该非终结符命名。

例 3.2　文法 G3.1 可以重写为如下形式：

$$
\begin{array}{lll}
E \rightarrow E + E & (1) \\
\quad | \ E * E & (2) \\
\quad | \ (E) & (3) \qquad\qquad\qquad (\text{G3.2}) \\
\quad | \ -E & (4) \\
\quad | \ i & (5)
\end{array}
$$

该产生式被称为 E 产生式。用"|"连接的每个右部称为一个候选项，该产生式共有 5 个候选项，它们具有平等的权利，即 i 是一个表达式，−E 也是一个表达式。

3.1.2　语法分析的基本术语

为了描述文法定义的语言，我们需要使用推导的概念。推导是指把产生式看成重写规则，把符号串中的非终结符用其产生式右部的串来代替。

例如，对于下面的算术表达式文法：

$$E \rightarrow E+E\ |\ E * E\ |\ (E)\ |\ -E\ |\ i$$

产生式 E→E+E 意味着两个表达式相加仍然是表达式。这个产生式允许用 E+E 代替 E

的任何出现，从简单的表达式产生更复杂一些的表达式。如果用 E＋E 代替单个 E，这个动作可以用式子 E⇒E＋E 来描述，读作"E 推导出 E＋E"。因此，从开始符号 E 开始，不断使用产生式，可以得到一个代换序列，如：

$$E⇒E＋E⇒i＋E⇒i＋i$$

这个代换序列被称为从 E 到 i＋i 的推导，这个推导表明了串 i＋i 是表达式的实例。

由此，可以给出推导的形式化定义。

定义 3.2　利用产生式产生句子的过程中，将产生式 A→γ 的右部代替文法符号序列 αAβ 中的 A 得到 αγβ 的过程，称为 αAβ 直接推导出 αγβ，记做 αAβ⇒αγβ。

若对于任意文法符号序列 $α_1$，$α_2$，…，$α_n$，均有 $α_1⇒α_2⇒…⇒α_n$，则称此过程为零步或多步推导，记为 $α_1 \overset{*}{⇒} α_n$，其中 $α_1 = α_n$ 的情况为零步推导。

若 $α_1 \neq α_n$，即推导过程中至少使用一次产生式，则称此过程为至少一步推导，记为 $α_1 \overset{+}{⇒} α_n$。

定义 3.2 强调了两点：

(1) 对于任何 α，有 $α \overset{*}{⇒} α$，即推导具有自反性。

(2) 若 $α \overset{*}{⇒} β$，$β \overset{*}{⇒} γ$，则 $α \overset{*}{⇒} γ$，即推导具有传递性。

对于开始符号为 S 的文法 G，用 $\overset{*}{⇒}$ 关系来定义 G 产生的语言 L(G)，L(G) 的串仅包含 G 的终结符。也就是说，终结符号串 ω 在 L(G) 中，当且仅当 $S \overset{+}{⇒} ω$，这时串 ω 是语言 L(G) 的句子，也可以叫作文法 G 的句子。由上下文无关文法产生的语言叫作上下文无关语言。其形式化定义如下。

定义 3.3　由 CFG G 所产生的语言 L(G) 被定义为

$$L(G) = \{ ω | S \overset{*}{⇒} ω \text{ and } ω \in T^* \}$$

L(G) 称为上下文无关语言（Context Free Language, CFL），ω 称为句子。若 $S \overset{*}{⇒} α$，$α \in (N \cup T)^*$，则称 α 为 G 的一个句型。

例 3.3　串 －(i＋i) 是文法 G3.1 的句子，因为存在推导

$$E ⇒ －E ⇒ －(E) ⇒ －(E＋E) ⇒ －(i＋E) ⇒ －(i＋i)$$

出现在这个推导中的 E，－E，－(E)，…，－(i＋i) 都叫作这个文法的句型。

定义 3.4　在推导过程中，若每次直接推导均替换句型中最左边的非终结符，则称为最左推导，由最左推导产生的句型被称为左句型。

类似地，可以定义最右推导与右句型。最右推导也被称为规范推导。

在例 3.3 中，可以看到

$$E ⇒ －E ⇒ －(E) ⇒ －(E＋E) ⇒ －(i＋E) ⇒ －(i＋i)$$

每次都是最左推导。类似地，也可以看到

$$E ⇒ －E ⇒ －(E) ⇒ －(E＋E) ⇒ －(E＋i) ⇒ －(i＋i)$$

是最右推导，或者说是规范推导。

文法与语言之间并不存在一一对应的关系。事实上，某一给定的文法可唯一确定它所产生的语言，但是对于一个给定的语言来说，却往往可以用若干个不同的文法来产生。

例 3.4　语言 $L = \{a^{2n+1} | n \geq 0\}$ 是由含有奇数个 a 的符号串所组成的集合，它可由文法 $G_1[S] = \{\{S\}, \{a\}, \{S→aSa, S→a\}, S\}$

产生，即 $L(G_1)=L$；但也可以由文法

$$G_2[S]=\{\{S, A\}, \{a\}, \{S \rightarrow aA, S \rightarrow a, A \rightarrow aS\}, S\}$$

产生，即 $L(G_2)=L$，从而 $L(G_1)=L(G_2)$。

于是有以下定义。

定义 3.5 设 G_1 和 G_2 是两个文法，若这两个文法产生同样的语言，即 $L(G_1)=L(G_2)$，则称 G_1 和 G_2 等价。

3.1.3 语法树和二义性

在 3.1.2 节中，文法 G[S] 的句型被定义为"能从 S 推导出来的符号串"，为了更加直观和清晰地描述一个句型的语法结构，本小节引入一个重要的工具——语法树，也叫推导树。

语法树用于直接地描述一个句型右句子的语法结构，它是一种具有以下特点的有向树（连通的）：

(1) 有且仅有一个无任何前驱的结点，称为根(S)；

(2) 除根外，每个结点恰有一个直接前驱；

(3) 对于任一结点 m，从根到 m 可达；

(4) 每个结点的后继是有序的(从左到右)。

因此，根据以上描述可以得出语法树的如下定义。

定义 3.6 设 G=(N, T, P, S) 是一文法，则满足下述条件的树称为语法树：

(1) 每个结点有一标记 X，$X \in N \cup T$；

(2) 根的标记为 S(开始符号)；

(3) 若结点 X 有后继，则 $X \in N$；

(4) 若 A 有 k 个后继，自左至右为 $X_1, X_2, \cdots, X_k$，则 $A \rightarrow X_1 X_2 \cdots X_k \in P$。

其中，语法树的所有叶结点自左至右排列构成了文法 G 的一个句型。

例 3.5 以文法 G3.1 的表达式 $-(i+i)$ 为例，构造与最左推导相应的语法树（包括推导过程中的语法树），如图 3.1 所示。

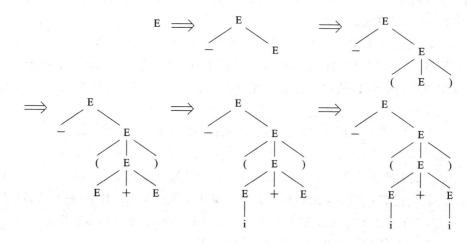

图 3.1 由 E 最左推导 $-(i+i)$ 建立的语法树

对于表达式 $-(i+i)$ 构造最右推导相应的语法树时，也同样可以得到图 3.1 所示的结果，因此，可以看到表达式 $-(i+i)$ 的最左推导和最右推导的最终语法树是一样的，只是推导的次序不同。对一个给定的语法树而言，它仅对应于唯一的最左推导或最右推导。

但是，也存在这样的文法 G，对于 L(G) 中的某个句子 ω，与 ω 相应的语法树不只一个，也就是说，ω 有多个不同的最左推导或最右推导。这样的文法被称为有二义性的文法。

例 3.6 对于文法 G3.1，句子 $i*i+i$ 有两种不同的最左推导：

(a)　$E \Rightarrow E*E$　　　　　　　(b)　$E \Rightarrow E+E$

　　　$\Rightarrow i*E$　　　　　　　　　　　$\Rightarrow E*E+E$

　　　$\Rightarrow i*E+E$　　　　　　　　　$\Rightarrow i*E+E$

　　　$\Rightarrow i*i+E$　　　　　　　　　$\Rightarrow i*i+E$

　　　$\Rightarrow i*i+i$　　　　　　　　　$\Rightarrow i*i+i$

因而对应两棵不同的语法树，如图 3.2(a)、(b)所示。因此，文法 G3.1 是二义性文法。

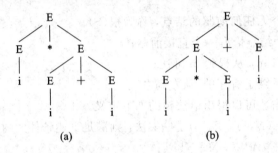

图 3.2　3.1中句子 $i*i+i$ 的两棵语法树

3.1.4　文法与语言的分类

1956 年，乔姆斯基(Chomsky)给出了文法的定义：

$$G=(N,\ T,\ P,\ S)\qquad (T \cap N = \varnothing,\ T \cup N = V)$$

他还对产生式的形式给予不同的限制而定义了四类基本文法，分别称为 0 型文法、1 型文法、2 型文法和 3 型文法。

(1) 0 型文法。若 P 中任一产生式都有一般形式 $\alpha \rightarrow \beta$，其中 $\alpha \in V^+$，$\beta \in V^*$ 且对 α、β 不加任何限制，则称 G 为 0 型(短语结构)文法，记为 PSG(Phrase Structure Grammar)。由 0 型文法生成(或定义)的语言称为 0 型(递归可枚举)语言，它可由图灵(Turing)机识别。

(2) 1 型文法。若一 0 型文法所有产生式具有形式 $\alpha X \beta \rightarrow \alpha \gamma \beta$，其中 α，$\beta \in V^*$，$X \in N$，$\gamma \in V^+$，则称 G 为 1 型(上下文有关)文法，记为 CSG (Context Sensitive Grammar)。1 型文法产生的语言称为上下文有关语言(CSL)，它可由线性界限自动机识别。

(3) 2 型文法。若一 1 型文法 G 中所有产生式具有形式 $A \rightarrow \beta$，其中 $\beta \in V^+$，$A \in N$，则称 G 为 2 型(上下文无关)文法，记为 CFG(Context Free Grammar)。2 型文法产生的语言称为上下文无关语言(CFL)，它可由下推自动机识别。

(4) 3 型文法。若一 2 型文法 G 中仅含有形如 $A \rightarrow aB$，$A \rightarrow a$ 的产生式，其中 A，$B \in N$，

a∈T，则称 G 为右线性文法。类似地，若 G 中仅含有形如 A→Ba，A→a 的产生式，则称 G 为左线性文法。左线性文法和右线性文法都称为 3 型（正规）文法。3 型文法产生的语言称为 3 型（正规）语言，它可由有限自动机识别。

根据以上叙述，对 0 型文法加上以下第 i 条限制，可以得到 i 型文法：

（1）G 的任何产生式 α→β 都满足 |α|≤|β|（用 |x| 表示 x 中符号的个数）。只有 S→ε 例外，但 S 不得出现在任何产生式的右部。

（2）G 的任何产生式为 A→β 的形式，其中 A∈N，β∈V*。

（3）G 的任何产生式为 A→aB 或 A→a 或 A→Ba 的形式，其中 A，B∈N，a∈T。

上述四类文法是从 0 型文法这种最一般的情况开始，通过对产生式的形式逐步加强限制而定义的，因此容易看出，这四类文法在描述语法的能力上是从 0 型文法开始依次减弱的，而且 k 型语言类 L_k 必然是 k−1 型语言类 L_{k-1} 的子类（其中 k=1，2，3）。同时，还可以证明，存在这样的 k 型语言，它不能由任何 k+1 型文法来描述（其中 k=0，1，2）。综上所述，可得到各型语言类的关系如下：

$$L_0 \supset L_1 \supset L_2 \supset L_3$$

四种类型的文法和它们所描述的语言，以及识别对应语言的自动机分别列举在表 3.1 中。

表 3.1　文法、语言与自动机

文法类型	产生式	语　　言	自　动　机
0 型文法（短语文法）	α→β	0 型语言（短语结构语言）	图灵机
1 型文法（CSG）	限制(1)	1 型语言（CSL）	线性界限自动机
2 型文法（CFG）	限制(2)	2 型语言（CFL）	下推自动机
3 型文法（正规文法）	限制(3)	3 型语言（正规集）	有限自动机

☞　3.2　自上而下的语法分析

语法分析是编译的核心部分，它的任务是在词法分析识别出单词符号串的基础上，分析并判定程序的语法结构是否符合语法规则。语法分析在编译中的位置如图 3.3 所示。

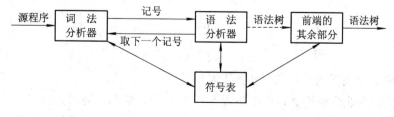

图 3.3　语法分析在编译中的位置

编译器常用的文法分析方法有自上而下和自下而上两种。正如它们的名字所示，自上而下分析器建立语法树是从根结点到叶结点，而自下而上分析器恰好相反。它们的共同点是从左向右地扫描输入，每次一个符号。

自上而下分析的宗旨是：对给定输入串 ω，试图用一切可能的办法，从文法开始符号 S 出发，自上而下、从左到右地为输入串建立一棵以 S 为根结点的语法树。或者说，为输入串寻找最左推导 S⇒ω。这种分析过程本质上是一种试探过程，是反复使用不同的产生式谋求匹配输入串的过程。如果这一试探成功，则证明 ω 是相应文法的一个句子；反之，则不是。

3.2.1　自上而下语法分析的一般方法和基本问题

根据自上而下分析方法的宗旨，一般采用的方法是对已给的字符串，试图自上而下地为它构造一棵语法树，或者说，从语法开始符号出发，为已给的字符串构造一个最左推导，试探字符串是否为相应文法的一个句子。

例 3.7　若有文法 G[S]如下：

$$S \rightarrow aAb$$
$$A \rightarrow cd \mid c \qquad\qquad (G3.3)$$

为了自上而下地为输入串 ω＝acb 建立语法树，首先建立只有标记为 S 的单个结点树，输入指针指向 ω 的第一个符号 a；然后考虑用 S→aAb 来扩展该树，得到的树如图 3.4(a)所示。

最左边的叶子标记为 a，匹配 ω 的第一个符号。于是，推进输入指针到 ω 的第二个符号 c，并考虑语法树上的下一个叶子 A，它是非终结符。用 A→cd 来扩展 A 进行试探，得到的树如图 3.4(b)所示。现在第二个输入符号 c 能匹配，再推进输入指针到 b，把它和语法树上的下一个叶子 d 进行比较。因为 b 和 d 不匹配，回溯到 A，看其是否还有其他选择尚未试探。

在回溯到 A 时，必须重置输入指针于第二个符号，即第一次进入 A 的位置。接下来试探 A→c，得到的语法树如图 3.4(c)所示。叶子 c 匹配 ω 的第二个符号，叶子 b 匹配 ω 的第三个符号。经过上述过程，得到了 ω 的语法树，从而宣告分析完全成功。

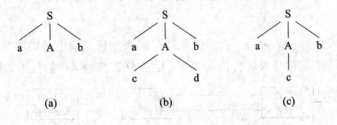

图 3.4　语法树

上述这种自上而下的分析法存在如下基本特点：

（1）如果存在非终结符 A，并且有 A⇒Aa 这样的左递归，例如文法 G3.3 中把产生式 A→cd|c 改写为 A→Ad|c，那么文法 G3.3 将使上述自上而下的分析过程陷入无限循环。

因为当试图用 A 去匹配输入串时会发现，在没有吃进任何输入符号的情况下，又要求用下一个 A 去进行新的匹配。因此，欲使用自上而下分析法时，应该消除文法的左递归性（包括一切直接左递归和一般的左递归）。

（2）当非终结符用某个选择匹配成功时，这种成功可能仅是暂时的。这种虚假现象需要使用复杂的回溯技术。由于回溯，需要把已做的大量语义工作（指中间代码的生成和各种表格的簿记）推倒重来，这势必会大大降低工作效率，因此，设法消除回溯，是提高自上而下分析效率的有效途径之一。

（3）当报告分析失败时，分析程序一般仅能给出"输入串 ω 不是句子"这一结论，却很难报告输入串出错的确切位置和错误的性质。

综上所述，试探与回溯是一种穷尽一切可能的办法，其效率低、代价高，它只有理论意义，在实践中的价值不大。在本节接下来的几小节中，将分别介绍消除左递归及回溯的方法和构造不带回溯的自上而下的语法分析程序的方法。

3.2.2　消除文法的左递归

若文法 G 中的非终结符 A，对某个串 α 存在推导 $A \overset{+}{\Rightarrow} A\alpha$，则称文法 G 是左递归的。自上而下的分析方法不能用于左递归文法，因此需要消除左递归。若文法 G 中有形如 A→Aα 的产生式，则称该产生式对 A 直接左递归。

直接消除产生式中的左递归是比较容易的。假定关于非终结符 A 的规则为 A→Aα|β，其中，β 不以 A 开头。那么，可以把 A 的规则改写为如下的非直接左递归形式：

$$A \to \beta A'$$
$$A' \to \alpha A' \mid \varepsilon$$

这种形式和原来的形式是等价的，也就是说，从 A 推出的符号串是相同的。

例 3.8　考虑文法 G[E]：

$$E \to E + T \mid T$$
$$T \to T * F \mid F \qquad\qquad (G3.4)$$
$$F \to - F \mid i$$

消除 E 和 T 的直接左递归，可以得到文法 G3.5，即

$$E \to TE'$$
$$E' \to + TE' \mid \varepsilon$$
$$T \to FT' \qquad\qquad (G3.5)$$
$$T' \to * FT' \mid \varepsilon$$
$$F \to - F \mid i$$

一般而言，假定 A 的全部产生式为

$$A \to A\alpha_1 \mid A\alpha_2 \mid \cdots \mid A\alpha_m \mid \beta_1 \mid \beta_2 \mid \cdots \mid \beta_n$$

其中 β_i 都不以 A 开始，α_i 都非空，用

$$A \to \beta_1 A' \mid \beta_2 A' \mid \cdots \mid \beta_n A'$$
$$A' \to \alpha_1 A' \mid \alpha_2 A' \mid \cdots \mid \alpha_m A' \mid \varepsilon$$

代替 A 产生式。这些产生式和前面的产生式产生一样的串集，但是不再有左递归，也就是说，产生式表面上的左递归都被消除了，直接左递归都被改成了直接右递归，但是这个过程不能消除两步或多步推导形成的左递归。

例 3.9 考虑文法 G(S)：

$$S \rightarrow Aa \mid b$$
$$A \rightarrow Sc \mid \varepsilon \qquad\qquad (G3.6)$$

对于文法 G3.6，可以看出非终结符 S 是左递归的，因为 $S \Rightarrow Aa \Rightarrow Sca$，但它不是直接左递归的。用 S 产生式代换 A→Sc 中的 S，得到如下文法：

$$S \rightarrow Aa \mid b$$
$$A \rightarrow Aac \mid bc \mid \varepsilon$$

删除其中的直接左递归，得到如下文法：

$$S \rightarrow Aa \mid b$$
$$A \rightarrow bc\,A' \mid A' \qquad\qquad (G3.7)$$
$$A' \rightarrow ac A' \mid \varepsilon$$

显然可见，上述文法是无左递归的，而且文法 G3.6 和文法 G3.7 是等价的。

3.2.3 消除回溯提取左因子

欲构造行之有效的自上而下语法分析器，必须消除回溯。为了消除回溯，就必须保证：对文法的任何非终结符，当它去匹配输入串时，能够根据所面临的输入符号准确地指派它的一个候选式去执行任务，并且此候选式的工作结果应该是确信无疑的。换言之，若此候选式匹配成功，则这种匹配决不会是虚假的；若此候选式无法完成匹配任务，则任何其他候选式也肯定无法完成。

首先令 G 是一个不含左递归的文法，对 G 的所有非终结符的每个候选式 α 构造它的终结首符集 $\text{FIRST}(\alpha) = \{a \mid \alpha \overset{*}{\Rightarrow} a\cdots, a \in T\}$ 以及非终结符的后继符号集 $\text{FOLLOW}(A) = \{a \mid S \overset{*}{\Rightarrow} \cdots Aa\cdots, a \in T\}$。

在不得回溯的前提下，对于文法会有如下要求：如果非终结符 A 的所有候选首符集两两不相交，即 A 的任何两个不同候选式 α_i 和 α_j，有 $\text{FIRST}(\alpha_i) \cap \text{FIRST}(\alpha_j) = \varnothing$。

为了把文法改造成为任何非终结符的所有候选首符集两两不相交，可以采用提取公共左因子的方法。

例如：产生式 $A \rightarrow \alpha\beta_1 \mid \alpha\beta_2$，有公共的左因子。引进新的非终结符 A'，令

$$A \rightarrow \alpha A'$$
$$A' \rightarrow \beta_1 \mid \beta_2$$

则更改后的产生式和原产生式是等价的，而且没有公共左因子。因此可以将所有形如：

$$A \rightarrow \alpha\beta_1 \mid \alpha\beta_2 \mid \cdots \mid \alpha\beta_n \mid \gamma$$

的规则改写为

$$A \rightarrow \alpha A' \mid \gamma$$
$$A' \rightarrow \beta_1 \mid \beta_2 \mid \cdots \mid \beta_n$$

经过反复提取左因子，就能把文法改造成为任何非终结符的所有候选首符集两两不相交。

当一个文法中既有左递归又含左因子时,一般做法是先消除左递归,再提取剩余的左因子。因为左递归也是左因子的一种形式,当左递归消除后,也消除了部分左因子。

通过上面的一些讨论,可以得出不带回溯的自上而下分析的文法条件。

针对满足自上而下分析所需要的文法,任何两个产生式 $A \rightarrow \alpha | \beta$ 都满足下面两个条件:

(1) $FIRST(\alpha) \cap FIRST(\beta) = \varnothing$。

(2) 若 $\beta \overset{*}{\Rightarrow} \varepsilon$,则 $FIRST(\alpha) \cap FOLLOW(A) = \varnothing$。

满足这两个条件的文法叫作 LL(1) 文法。其中,第一个 L 代表从左向右扫描输入,第二个 L 表示产生最左推导,1 代表在决定分析器的每步动作时向前看一个输入符号。除了没有公共左因子外,LL(1) 文法还有一些明显的性质,即它不是二义的,不出现回溯,也不含左递归。用来对 LL(1) 文法进行自上而下语法分析的方法主要有两种:递归下降分析法和预测分析法。

3.2.4 递归下降分析法

递归下降分析法(Recursive Descent Method)是指对消除左递归和回溯以后的文法的每一非终结符,都根据相应产生式各候选式的结构,为其编写一个子程序(或函数),用来识别该非终结符所表示的语法范畴。由于文法的定义是递归的,因此这些过程也是递归的。此外,在处理输入串时,首先执行的是对应开始符号的过程,然后根据产生式右部出现的非终结符,依次调用相应的过程,这种逐步下降的过程调用序列隐含地定义了输入的语法树。

由于递归下降分析法构造简单、灵活,所以对于规模较小的语言,它是一种非常有效的语法分析方法。但是,其相关的程序与文法直接相对应,对文法的任何改动均需对相应的子程序进行修改。

对于递归下降分析法,主要是构造相应的子程序,其主要步骤如下:

(1) 构造文法的状态转换图并化简。

(2) 将状态转换图转化为 EBNF 表示。

(3) 从 EBNF 构造子程序。

以下通过例 3.10 来说明如何构造递归下降的程序。

例 3.10 递归下降分析的文法 G[S] 为

$$S \rightarrow E + S \mid \varepsilon$$
$$E \rightarrow E + T \mid E - T \mid T$$
$$T \rightarrow T * F \mid T/F \mid T \bmod F \mid F \qquad (G3.8)$$
$$F \rightarrow (E) \mid i \mid num$$

考察文法 G3.8,需要把文法转换为递归下降分析所需的文法,即

$$S \rightarrow E + S \mid \varepsilon$$
$$E \rightarrow TE'$$
$$E' \rightarrow + TE' \mid - TE' \mid \varepsilon$$
$$T \rightarrow FT' \qquad (G3.9)$$
$$T' \rightarrow * FT' \mid /FT' \mid \bmod FT' \mid \varepsilon$$
$$F \rightarrow (E) \mid i \mid num$$

然后构造递归下降的程序，其过程如下：

首先，进行构造文法的状态转换图。文法的状态转换图是针对非终结符而言的，每个非终结符对应一个状态转换图，其中，每条边上标记的是文法符号，包括终结符和非终结符。构造方法如下：

(1) 为非终结符 A 建立一个初态和一个终态。

(2) 为 $A \rightarrow X_1 X_2 \cdots X_n$ 构造从初态到终态的路径，边标记为 X_1，X_2，$\cdots$，X_n。

(3) 根据识别同一集合的原则，化简状态转换图。

根据上述构造方法对文法 G3.9 的 6 个非终结符构造状态转换图，如图 3.5(a)～(f) 所示。

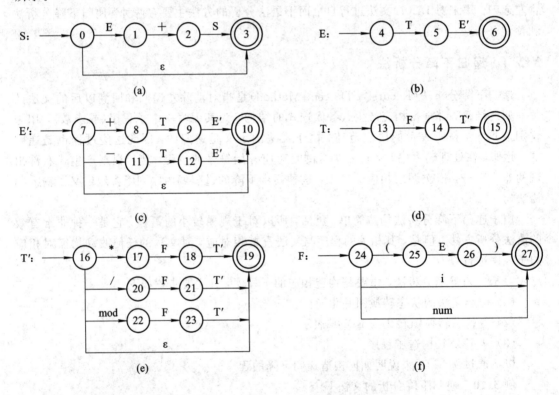

图 3.5   文法 G3.9 的状态转换图

其次，根据以下规则化简如图 3.5 所示的状态转换图。

(1) 标记为 A 的边可等价为标记 ε 的边转向 A 状态转换图的初态。

(2) 标记为 ε 的边所连接的两个状态可以合并。

(3) 标记相同的路径可以合并。

(4) 等价的状态可以合并。

以 E 和 E′ 为例，对它们进行上述化简。

① 考察 E′ 的状态转换图，合并 E′ 状态转换图中 +TE′ 和 −TE′ 两条路径，如图 3.6(a) 所示。

② 对 E′ 的匹配改为指向 E′ 的初态且标记为 ε 的边，如图 3.6(b) 所示。

③ 从状态 8 出发经 T 可以到达的全体 7、9、10 合并为一个状态,由于 10 本身是终态,所以合并后的状态也是终态,仍令 10 代表其状态,如图 3.6(c)所示。

④ 考察 E 的状态转换图,对 E′ 的匹配改为指向 E′ 的初态且标记为 ε 的边,如图 3.6(d)所示。

⑤ 由于状态 4、8 经 T 到达状态 10,且状态 5 经 ε 到达状态 10,故 4、5、8 是等价的,合并为一个状态,令 4 代表其状态,最后得到 E 的状态转换图,如图 3.6(e)所示。

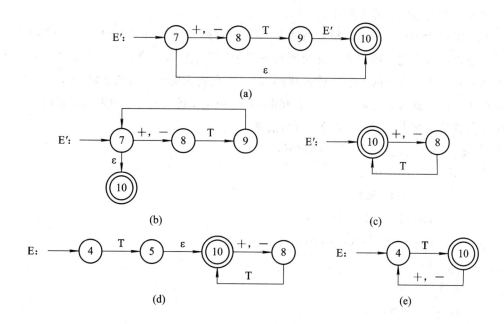

图 3.6 状态转换图的化简

类似地,T 和 T′ 的化简与 E 和 E′ 的化简完全相同,具体的状态转换图请读者自行完成。

再次,文法的 EBNF 表示。

文法的 EBNF 表示符号如下:

(1)〈 〉:用左右尖括号括起来的中文字表示语法构造成分,或称语法单位,为非终结符。

(2)::=:该符号的左部由右部定义,可读作"定义为"。

(3)|:表示或关系,为左部可由多个右部定义。

(4){}:表示其内的语法成分可以重复。在不加上、下界时,可重复 0 到任意次数;有上、下界时,上、下界为可重复次数的限制。如:{ * }表示 * 重复任意次,{ * }$_8^3$ 表示 * 重复 3~8 次。因此,"{}"可以用来表示状态图中的环,并且可以在递归下降子程序中用 while 结构来实现。

(5)[ ]:表示其内的成分为任选项。"[ ]"用来表示状态转换图中可以被绕过的路径,并且可以在递归下降子程序中用 if 或 while 实现。

（6）（）：表示圆括号内的成分优先。

根据化简后的状态转换图与 EBNF 的对应关系，构造文法 G3.9 的 EBNF 文法如下：

$$S \to \{E+\}$$
$$E \to T\{(+|-)\ T\}$$
$$T \to F\{(\ *\ |\ /\ |\ mod)F\} \qquad (G3.10)$$
$$F \to (E)\ |\ i\ |\ num$$

最后，构造递归下降子程序。

EBNF 表示的产生式可以被看做抽象了的子程序，因此，加入适当的数据结构和基本函数，就可以写出完整的非终结符的递归下降子程序。例如，设计两个变量 lookahead 和 eof，lookahead 是当前的下一个输入终结符，eof 是输入的结束标志；附加设计一个函数 match(t)，用来进行终结符的匹配，它将 lookahead 与 t 进行比较，如果相同就取下一个终结符，并改变变量 lookahead 的值，否则报错。

文法 G3.10 的递归下降子程序如下：

```
procedure match(t) is
begin if t=lookahead
    then lookahead:=lexan;
    else error("syntax error");
    end if
end match;
procedure S is
begin
    lookahead:=lexan;
    while (lookahead/=eof)loop E; match('+'); end loop;
end S;
procedure E is
begin
    T;
    while lookahead∈(+|-) loop match(lookahead); T; end loop;
end E;
procedure T is
begin
    F;
    while lookahead∈( * |/|mod) loop match(lookahead); F; end loop;
end T;
procedure F is
begin
```

```
        case lookahead is
            '('：match('('); E; match(')');
            i：match(i);
            num：match(num);
            others：error("syntax error2");
        end case;
    end F;
```

3.2.5　预测分析法

预测分析法是一种比递归下降法更为有效的自上而下的语法分析方法。预测分析器由一张预测分析表(也称为 LL(1)分析表)、一个表驱动程序及一个分析栈组成，如图 3.7 所示。

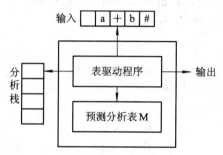

图 3.7　预测分析器的结构

预测分析器的输入是一个以右界符♯结尾的符号串。分析栈的初始状态包含两个符号："♯S"，其中"♯"为栈底，"S"为文法开始符号。整个分析过程在表驱动程序的控制下，根据预测分析表的指示来完成对输入符号串的分析。在语法分析中用到的文法产生式的表，称为预测分析表，简称分析表。

预测分析器的工作过程如下：

(1) 若栈顶符号 x 是非终结符，则查询分析表，找出一个以非终结符 x 作为左部的产生式，x 出栈，并将其产生式右部符号串反序入栈，且记下产生式编号——这个是推导。

(2) 若栈顶符号 x 是终结符，且读头下的符号也是 x，则 x 出栈，读头指向下一个符号——表示找到了匹配。

(3) 若栈顶符号 x 是终结符，但读头下的符号不是 x，则匹配失败，调用出错处理。

(4) 若栈内仅剩下"♯"，且读头也指向"♯"，则识别成功，说明分析的句子是合法正确的。

预测分析程序算法简述如下。

算法 3.1　非递归的预测分析

输入　串 ω 和文法 G 的分析表 M。

输出　如果 ω∈L(G)，则输出 ω 的最左推导，否则报告错误。

方法 初始时分析器的格局为(♯S，ω♯，分析器的第一个动作)。其中：♯S 在栈里，S 是开始符号并且在栈顶；ω♯ 在输入缓冲区。以下是用预测分析表 M 对输入串进行分析的程序。

令 ip 指向 ω♯ 的每一个符号；

repeat

令 x 等于栈顶符号，并且 a 等于 ip 指向的符号；

if x 是终结符或 ♯ then

if x＝a then

把 X 从栈顶弹出并推进 ip

else error()

else if M[x，a]＝x→$Y_1 Y_2 \cdots Y_k$ then begin   /* x 是非终结符 */

从栈中弹出 x；

把 Y_k，Y_{k-1}，…，Y_1 依次压入栈，Y_1 在栈顶；

输出产生式 x→$Y_1 Y_2 \cdots Y_k$

end

else error()

until x＝♯   /* 栈空 */

例 3.11 通过文法 G[E]：

$$E \rightarrow TE'$$
$$E' \rightarrow + TE' \mid \varepsilon$$
$$T \rightarrow FT' \qquad\qquad (G3.11)$$
$$T' \rightarrow * FT' \mid \varepsilon$$
$$F \rightarrow (E) \mid i$$

说明预测分析器的工作流程。

应用前面所讨论的内容和算法，文法 G3.11 的预测分析表如表 3.2 所示，表中空白表示出错，非空白指示一个产生式，用来替换栈顶的非终结符。

表 3.2 文法 G3.11 的预测分析表

非终结符	输　入　符　号					
	i	+	*	(	)	♯
E	E→TE′			E→TE′		
E′		E′→+TE′			E′→ε	E′→ε
T	T→FT′			T→FT′		
T′		T′→ε	T′→ * FT′		T′→ε	T′→ε
F	F→i			F→(E)		

用算法 3.1 作为表驱动程序，表 3.2 作为分析表，输入序列 i * i＋i 的分析过程如表 3.3 所示。

表 3.3 预测分析器接受输入 i＊i＋i 的动作

栈	输 入	输 出
＃E	i＊i＋i＃	
＃E′T	i＊i＋i＃	E→TE′
＃E′T′F	i＊i＋i＃	T→FT′
＃E′T′i	i＊i＋i＃	F→i
＃E′T′	＊i＋i＃	
＃E′T′F＊	＊i＋i＃	T′→＊FT′
＃E′T′F	i＋i＃	
＃E′T′i	i＋i＃	F→i
＃E′T′	＋i＃	
＃E′	＋i＃	T′→ε
＃E′T＋	＋i＃	E′→＋TE′
＃E′T	i＃	
＃E′T′F	i＃	T→FT′
＃E′T′i	i＃	F→i
＃E′T′	＃	
＃E′	＃	T′→ε
＃	＃	E′→ε

对不同的文法而言，表驱动程序均一样，仅预测分析表不同。因此，设计预测分析器的关键在于根据给定文法构造其预测分析表。构造分析表的过程可以分为两步：首先根据文法构造 FIRST 集合和 FOLLOW 集合；然后根据两个集合构造预测分析表。

首先定义 FIRST 集合和 FOLLOW 集合。

定义 3.7 文法符号序列 α 的 FIRST 集合定义如下：

FIRST(α)＝{a|α$\overset{*}{\Rightarrow}$a…，a∈T}，若 α$\overset{*}{\Rightarrow}$ε，则 ε∈FIRST(α)。

定义 3.8 非终结符 A 的 FOLLOW 集合定义如下：

FOLLOW(A)＝{a|S$\overset{*}{\Rightarrow}$…Aa…，a∈T}，若 A 是某句型的最右符号，则 ＃∈FOLLOW(A)。

简而言之，α 的 FIRST 集合就是从 α 开始可以推导出的所有以终结符开头的序列中的开头终结符；而一个非终结符 A 的 FOLLOW 集合就是从文法开始符号可以推导出的所有含 A 序列中紧跟 A 之后的终结符。

算法 3.2 计算 X 的 FIRST 集合

输入 文法符号 X。

输出 X 的 FIRST 集合。

方法 应用下述规则:

(1) 若 $X \in T$,则 $FIRST(X) = \{X\}$。

(2) 若 $X \in N$,且有 $X \rightarrow a\alpha \in P$ $(a \in T)$,则令 $a \in FIRST(X)$;若有 $X \rightarrow \varepsilon \in P$,则令 $\varepsilon \in FIRST(X)$。

(3) 若 $X \rightarrow Y_1 Y_2 \cdots Y_k \in P$,且 $Y_1 \in N$,则令 $FIRST(Y_1) - \{\varepsilon\} \subseteq FIRST(X)$;而对所有的 j $(1 \leqslant j \leqslant i-1)$,$Y_j \in N$,且 $Y_j \overset{*}{\Rightarrow} \varepsilon$,则令 $FIRST(Y_j) - \{\varepsilon\} \subseteq FIRST(X)$ $(1 \leqslant j \leqslant i)$,特别地,当 $\varepsilon \in FIRST(Y_j)$ $(1 \leqslant j \leqslant k)$ 时,令 $\varepsilon \in FIRST(X)$。

算法 3.3 计算所有非终结符的 FOLLOW 集合

输入 文法 G。

输出 G 中所有非终结符的 FOLLOW 集合。

方法 应用下述规则:

(1) 对于文法的开始符号 S,令 $\# \in FOLLOW(S)$。

(2) 对于每个产生式 $A \rightarrow \alpha B\beta \in P$,令 $FIRST(\beta) - \{\varepsilon\} \subseteq FOLLOW(B)$。

(3) 对于每个产生式 $A \rightarrow \alpha B \in P$ 或 $A \rightarrow \alpha B\beta \in P$,且 $\varepsilon \in FIRST(\beta)$,则令 $FOLLOW(A) \subseteq FOLLOW(B)$。

算法 3.4 构造预测分析表

输入 文法 G。

输出 分析表 M。

方法 应用下述规则:

(1) 对文法的每个产生式 $A \rightarrow \alpha$,执行(2)和(3)。

(2) 对 $FIRST(A)$ 的每个终结符 a,把 $A \rightarrow \alpha$ 加入到 $M[A, a]$ 中。

(3) 如果 ε 在 $FIRST(A)$ 中,则对 $FOLLOW(A)$ 的每个终结符 b(包括 $\#$),把 $A \rightarrow \varepsilon$ 加入到 $M[A, b]$ 中。

(4) M 中其他没有定义的条目都是 error。

下面利用算法 3.2 和算法 3.3 来构造 FIRST 集合和 FOLLOW 集合,然后再利用算法 3.4 构造分析表。

例 3.12 考察文法 G3.11,即

$$E \rightarrow TE'$$
$$E' \rightarrow + TE' \mid \varepsilon$$
$$T \rightarrow FT'$$
$$T' \rightarrow * FT' \mid \varepsilon$$
$$F \rightarrow (E) \mid i$$

利用算法 3.2 和算法 3.3 来构造 FIRST 集合和 FOLLOW 集合。

(1) 求 FIRST 集合。

① 利用算法 3.2 的规则(2)对形如 $A \rightarrow a\cdots$ 的产生式(其中 a 是终结符),直接把 a 收入到 $FIRST(A)$ 中。

$$FIRST(E') = \{+, \epsilon\}$$
$$FIRST(T') = \{*, \epsilon\}$$
$$FIRST(F) = \{(, i\}$$

② 利用算法 3.2 的规则(3)对形如 A→B… 的产生式(其中 B 是非终结符),应把 FIRST(B)传送到 FIRST(A)中。

$$FIRST(T) = FIRST(F) = \{(, i\}$$
$$FIRST(E) = FIRST(T) = \{(, i\}$$

(2)求 FOLLOW 集合。

① 利用算法 3.3 的规则(1)有♯∈FOLLOW(E),再由规则(2)对产生式 F → (E),因为)∈FOLLOW(E),所以 FOLLOW(E)={♯,)}。

② 由算法 3.3 的规则(3)对产生式 E→TE′可得 FOLLOW(E)⊆FOLLOW(E′),即由此可以得到 FOLLOW(E′)={♯,)}。

③ 由算法 3.3 的规则(2)对产生式 E′→+TE′|ε,形如 A→αBβ 的产生式 E′→+TE′可得 FIRST(E′)-{ε}⊆FOLLOW(T);又由规则(3)对产生式 E→T 且 ε∈FIRST(E′)可得 FOLLOW(E) ⊆FOLLOW(T),从而可得

$$FOLLOW(T)=FOLLOW(E)\bigcup FIRST(E')-\{\epsilon\}=\{\sharp,)\}\bigcup\{+\}=\{\sharp,),+\}$$

④ 由算法 3.3 的规则(3)对产生式 T→FT′可得 FOLLOW(T) ⊆FOLLOW(T′),即有 FOLLOW(T′)={♯,),+}。

⑤ 由算法 3.3 的规则(2)对产生式 T′→*FT′|ε 有 FIRST(T′)-{ε}⊆FOLLOW(F),又由规则(3)对产生式 T′→*FT′|ε 且 ε∈FIRST(T′)可得 FOLLOW(T′)⊆FOLLOW(F),从而可得

$$FOLLOW(F)=FOLLOW(T')\bigcup FIRST(T')-\{\epsilon\}=\{\sharp,),+\}\bigcup\{*\}=\{\sharp,),+,*\}$$

通过以上分析,文法 G3.11 的全部非终结符的 FIRST 集合和 FOLLOW 集合如表 3.4 所示。

表 3.4 文法 G3.11 的 FIRST 集合和 FOLLOW 集合

非终结符 X	FIRST(X)	FOLLOW(X)
E	(, i	♯ ,)
E′	+, ε	♯ ,)
T	(, i	♯ ,), +
T′	*, ε	♯ ,), +
F	(, i	♯ ,), +, *

(3)构造预测分析表。

结合文法 G3.11 的 FIRST 集合和 FOLLOW 集合,把算法 3.4 应用于文法 G3.11 就可以得到如表 3.2 所示的预测分析表。

☞ 3.3 自下而上的语法分析

自下而上分析就是从输入串开始，逐步进行归约，直至归约到文法的开始符号；或者说，从语法树的末端开始，步步向上归约，直到根结点。

3.3.1 自下而上语法分析的一般方法和基本问题

自下而上的语法分析是指从给定的输入串 $\omega = a_1 a_2 \cdots a_n$ 出发，试图利用相应文法中的产生式，逐步将其归约为文法的开始符号 S，即从叶结点 a_1，a_2，$\cdots$，a_n 出发，试图逐步向上构造一个语法树，而其根结点恰好为 S。由于自下而上的语法分析过程通常采用的是最左归约（即规范归约），因此，实现此种语法分析的关键是在分析的每一步如何寻找或确定当前句型的句柄（或应最先归约的子串），以及确定将其归约为什么非终结符号。

自下而上分析法是一种"移进-归约"分析法。编译器常用的"移进-归约"分析法称做 LR 分析法，其具体内容将在以后的章节中详细介绍。

下面介绍自下而上语法分析的定义及相关基本问题。

定义 3.9 设 $\alpha\beta\delta$ 是文法 G 的一个句型，若存在 $S \overset{*}{\Rightarrow} \alpha A\delta$，$A \overset{+}{\Rightarrow} \beta$，则称 β 是句型 $\alpha\beta\delta$ 相对于 A 的短语。特别地，若有 $A \to \beta$，则称 β 是句型 $\alpha\beta\delta$ 相对于产生式 $A \to \beta$ 的直接短语。一个句型的最左直接短语被称为句柄（Handle）。

从上述定义可以看出短语形成的两个要素：

(1) 从 S 可以推导出 A，即 $S \overset{*}{\Rightarrow} \alpha A\delta$；

(2) 从 A 开始经过至少一次直接推导出 β，即 $A \overset{+}{\Rightarrow} \beta$。

换言之，一个句型的句柄是和一个产生式右部匹配的子串，把它归约成该产生式左部的非终结符，代表了最右推导过程的逆过程的一步。因此，句型是一个完整的结构，短语可以是句型中相对某个非终结符的局部。例如，文法的开始符号 S 是一个句型，而不是一个短语。

例 3.13 考虑文法 G3.4，即

$$E \to E + T \mid T$$
$$T \to T * F \mid F$$
$$F \to -F \mid i$$

上的句型 $i+i*i$。

为了便于叙述，对相同的符号进行编号，例如句型 $i+i*i$ 变为 $i_1+i_2*i_3$，文法开始符号 E 标记为 E_1，以后出现相同的 E 标记为 E_2 等。

根据文法 G3.4 可以得出其最右推导如下：

$$E_1 \Rightarrow E_2 + T_1 \Rightarrow E_2 + T_3 * F_2 \Rightarrow E_2 + T_3 * i_3 \Rightarrow E_2 + F_3 * i_3$$
$$\Rightarrow E_2 + i_2 * i_3 \Rightarrow T_2 + i_2 * i_3 \Rightarrow F_1 + i_2 * i_3 \Rightarrow i_1 + i_2 * i_3$$

相应的语法树如图 3.8 所示。

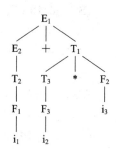

图 3.8 句型 $i_1 + i_2 * i_3$ 最右推导对应的语法树

由以上内容可以看出,从文法的开始符号 E_1 经过若干步推导可以得到 $i_1 + i_2 * i_3$,所以 $i_1 + i_2 * i_3$ 是句型 $i_1 + i_2 * i_3$ 相对于 E_1 的短语,又由于

$$E_1 \overset{+}{\Rightarrow} E_2 + i_2 * i_3 \Rightarrow T_2 + i_2 * i_3 \Rightarrow F_1 + i_2 * i_3 \Rightarrow i_1 + i_2 * i_3$$

则 i_1 是相对于非终结符 E_2、T_2、F_1 的短语,特别是相对于 F_1 的短语,由于是最左直接短语,所以是句柄。同理,可以得到其他短语,如表 3.5 所示。其中,i_1 是 F_1 的直接短语,i_2 是 F_3 的直接短语,i_3 是 F_2 的直接短语。

表 3.5 句型 $i_1 + i_2 * i_3$ 的短语

相对于非终结符的短语	非终结符
$i_1 + i_2 * i_3$	E_1
$i_2 * i_3$	T_1
i_1	E_2,T_2,F_1
i_2	T_3,F_3
i_3	F_2

综上所述,语法树中的叶子与短语、直接短语和句柄有以下关系。

(1) 短语:以非终结符为根的子树中所有从左到右的叶子。

(2) 直接短语:只有父子关系的树中所有从左到右排列的叶子(树高为2)。

(3) 句柄:最左边父子关系树中所有从左到右排列的叶子(句柄是唯一的)。

归约是推导的逆过程,是一个反复使用产生式的左部替换产生式右部、谋求输入序列进行匹配的过程。因此,可以定义规范归约。

定义 3.10 若 α 是文法 G 的句子且满足条件:

(1) $\alpha_n = \alpha$;

(2) $\alpha_0 = S$(S 是 G 的开始符号);

(3) 对任何 $i(0 < i \leqslant n)$,α_{i-1} 是把 α_i 中的句柄替换为相应产生式的左部非终结符而得到的,则称序列 α_n,α_{n-1},$\cdots$,α_0 是 α 的一个最左归约。

由以上叙述可知,规范归约是关于 α 的一个最右推导的逆过程,因此,规范归约也称为最左归约。它的每一步可以用"剪句柄"的方法得到。剪句柄就是从一个句型的语法树开始,每次把句柄剪去,从而暴露出下一个句柄,重复此过程,直到露出根结点为止。

例 3.14 考察如下文法 G[S]:

$$S \to aABe$$
$$A \to b$$
$$A \to Abc \qquad\qquad (G3.12)$$
$$B \to d$$

句子 abbcde 的归约过程为：abbcde⇐aAbcde⇐aAde⇐aABe⇐S。此处推导符号"⇒"反过来写成"⇐"，暂时表示归约。每一步归约都是用一个产生式的左部去替换产生式的右部，最终得到文法的开始符号 S。其"剪句柄"过程如图 3.9(a)～(e)所示。

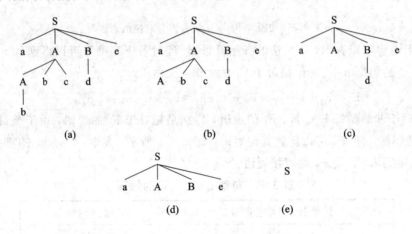

图 3.9　剪句柄的过程

3.3.2　符号栈的使用

自下而上的分析通常采用移进-归约的方式分析句子。因此，和自上而下的分析过程一样，实现自下而上的分析通常也需要使用一个分析栈来存放分析过程中所得的文法符号，用输入缓冲区保存要分析的串 ω，用#标记栈底，也用它标记输入串的右端。移进-归约的工作方式以格局的变化来反映。格局也即是分析栈、剩余输入和动作在某一刻的状态形式。起初，栈是空的，串 ω 在输入中，初始格局如下：

栈	输入
#	ω#

分析器移动若干个（包括零个）输入符号入栈，直到句柄 β 在栈顶为止，再把 β 归约成恰当的产生式左部。分析器重复这个过程，直到它发现错误并到达出错格局；或者直到栈中只含开始符号并且输入串为空：

栈	输入
#S	#

进入这个接受格局后，分析器停机并宣告分析完全成功。

分析器的基本动作是移进和归约，实际可能的动作还有接受和报错。

（1）移进：把剩余输入中的下一个输入符号移进栈。

（2）归约：句柄在栈顶形成，用适当的产生式左部代替句柄。

（3）接受：分析器宣告分析成功。

（4）报错：分析器发现语法错误，调用错误恢复例程。

例 3.15 对于文法 G3.12 的输入序列 abbcde，其移进-归约分析的过程如表 3.6 所示。

表 3.6 移进-归约的分析过程

分析栈	剩余输入	改变格局的动作
♯	abbcde♯	移进
♯a	bbcde♯	移进
♯ab	bcde♯	归约，用 A→b
♯aA	bcde♯	移进
♯aAb	cde♯	移进
♯aAbc	de♯	归约，用 A→Abc
♯aA	de♯	移进
♯aAd	e♯	归约，用 B→d
♯aAB	e♯	移进
♯aABe	♯	归约，用 S→aABe
♯S	♯	接受

3.3.3　LR 分析法

LR 分析法是一种高效的、自下而上的语法分析方法，它是由 D. Knuth 在 1965 年首先提出的。LR(k)分析法是指从左向右扫描和自下而上进行归约的语法分析方法。每次根据当前符号或最多向前分析 k 个符号唯一地确定是归约还是继续读。

一般来说，凡是上下文无关文法描述的程序设计语言都可以用 LR 分析法进行有效的分析，而且还能在分析过程中及时、准确地发现输入符号串的语法错误。

LR 分析器实质上是一个带先进后出的存储栈的确定型有限自动机，它包括输入、输出、栈、驱动程序，以及含有动作和转移两部分的分析表，如图 3.10 所示。

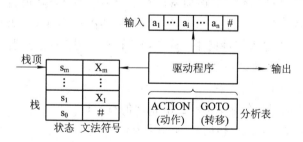

图 3.10　LR 分析器的逻辑结构

栈的每一项内容包括状态 s 和文法符号 X 两部分。$(s_0, ♯)$ 为分析开始前预先放入栈里的初始状态和句子括号；栈顶状态为 s_m，符号串 $X_1 X_2 \cdots X_m$ 是至今已移进-归约的部分。

驱动程序对所有的 LR 分析法都一样，不同的分析法构造的分析表不同。驱动程序每次从输入缓冲区读一个符号，它使用栈存储形式为 $s_0 X_1 s_1 X_2 s_2 \cdots X_m s_m$ 的串，s_m 在栈顶。X_i

是文法符号，s_i 是状态符号，状态符号概括了栈中它下面部分所含的信息。栈顶的状态符号和当前的输入符号用来检索分析表，以决定移进-归约分析的动作。真正实现时，文法符号不必出现在栈里，但为了帮助解释 LR 分析的行为，本节的讨论中总是包含它们。

LR 分析器的核心部分是一张 LR 分析表。每张 LR 分析表都采用二维数组表示。其中：ACTION[s，a]为动作表，表示状态 s 下输入 a 时的动作（移进、归约、接受、出错）；GOTO[s，X]为状态转移表，表示栈顶的状态 s 下遇到文法符号 X 时的转移目标。不同的 LR 分析法构造分析表的方法不同，对此将在后续小节中讨论。

LR 分析器的工作过程可以看做栈的内容和尚未扫描的输入所构成的二元组的变化过程。分析开始时的初始二元组为 $(s_0 \sharp, a_i a_{i+1} \cdots a_n \sharp)$，每一步的分析结果可以表示为 $(s_0 X_1 s_1 X_2 s_2 \cdots X_m s_m, a_i a_{i+1} \cdots a_n \sharp)$。分析器的下一步动作是由当前输入符号 a_i 和栈顶状态 s_m 所唯一决定的。执行每种动作时，二元组的变化情况如下：

(1) 如果 ACTION[s_m，a_i]＝移进 s，则分析器执行移进动作，进入格局为

$$(s_0 X_1 s_1 X_2 s_2 \cdots X_m s_m a_i s, a_{i+1} \cdots a_n \sharp)$$

即分析器把当前输入符号 a_i 和下一个状态 s 移进栈，a_{i+1} 成为当前输入符号。

(2) 如果 ACTION[s_m，a_i]＝归约 A→β，则分析器执行归约动作，进入格局为

$$(s_0 X_1 s_1 X_2 s_2 \cdots X_{m-r} s_{m-r} A s, a_i a_{i+1} \cdots a_r \sharp)$$

其中，s＝GOTO[s_{m-r}，A]，r 是 β 的长度。这里，分析器首先从栈中弹出 2r 个符号，即 r 个状态符号和 r 个文法符号，这些文法符号刚好匹配产生式右部 β，这时暴露出状态 s_{m-r}；然后把产生式左边的符号 A 和 GOTO[s_{m-r}，A]状态 s 推入栈。在归约动作时，当前输入符号没有改变。

(3) 如果 ACTION[s_m，a_i]＝接受，则分析完成。

(4) 如果 ACTION[s_m，a_i]＝出错，则分析器发现错误，调用错误恢复例程。

LR 分析算法总结如算法 3.5 所示，所有 LR 分析器都按这个算法动作，唯一的区别是分析表的内容不一样。

算法 3.5 LR 分析算法

输入 输入序列 ω 和文法 G 的 LR 分析表。

输出 若 ω 是文法 G 的句子，得到 ω 的自下而上归约，否则报错。

方法 初始格局为（$\sharp$0，ω$\sharp$，驱动器的第一个动作）。其中：0 为初始状态（即 s_0），s_0 在分析器的栈顶；ω$\sharp$ 在输入缓冲区中。分析器执行如下程序，直至遇见接受或出错动作。

```
令 ip 指向 ω♯ 中的第一个符号;
repeat forever begin
    令 s 为当前栈顶的状态, a 是 ip 指向的符号;
    if ACTION[s, a]＝移进 s′ then begin
        把 a 和 s′依次压入栈;
        推进 ip 指向下一输入符号;
    end
    else if ACTION[s, a]＝归约 A→β then begin
        栈顶退掉 2|β|个符号;
        令 s′是现在的栈顶状态;
```

把 A 和 GOTO[s′, A] 压入栈；

输出产生式 A→β；

end

else if ACTION[s, a]＝接受 then

return；

else error()；

　　end

LR 分析表的结构比较复杂，此处结合一个比较简单的文法 G3.13 来介绍 LR 分析器的工作过程和原理。在后续章节中，将给出 LR 分析表的构造方法。

例 3.16 已知算术表达式的文法如下：

$$(1)\ E \to E + T$$
$$(2)\ E \to T$$
$$(3)\ T \to T * F$$
$$(4)\ T \to F \tag{G3.13}$$
$$(5)\ F \to (E)$$
$$(6)\ F \to i$$

表 3.7 给出了该算术表达式文法的 LR 分析表，利用算法 3.5 给出 $\omega = i * i + i$ 的分析过程。

表 3.7　文法 G3.13 的 LR 分析表

状态	ACTION(动作)						GOTO(转移)		
	i	+	*	(	)	#	E	T	F
0	s_5			s_4			1	2	3
1		s_6				acc			
2		r_2	s_7		r_2	r_2			
3		r_4	r_4		r_4	r_4			
4	s_5			s_4			8	2	3
5		r_6	r_6		r_6	r_6			
6	s_5			s_4				9	3
7	s_5			s_4					10
8		s_6			s_{11}				
9		r_1	s_7		r_1	r_1			
10		r_3	r_3		r_3	r_3			
11		r_5	r_5		r_5	r_5			

注：① ACTION[s, a]＝s_i 表示移进一个终结符并转向状态 i；

② ACTION[s, a]＝r_j 表示按第 j 个产生式进行归约(由 GOTO 指示归约后非终结符的下一个状态转移)；

③ ACTION[s, a]＝acc 表示接受；

④ ACTION[s, a]＝空白表示出错处理。

当输入字符串 i＊i＋i 时，栈内容和输入内容的变化序列如表 3.8 所示。例如，在第一行，LR 分析器处于状态 0，当前输入符号是 i。表 3.8 中第 3 行 0i5 的含义是在当前状态 0 移进 i，再把状态 5 压进栈。然后，＊ 成为当前输入符号，状态 5 面对输入 ＊ 的动作是按 $F \to i$ 进行归约的。这时两个符号（一个状态符号和一个文法符号）弹出栈，状态 0 显露出来。因为 GOTO[0，F] 是 3，所以把 F 和 3 推进栈，到达第三行所示的格局。剩余的动作也类似地决定。

表 3.8　分析器对于输入序列 ω 的变化

栈	输　入	动　作
0	i＊i＋i#	移进
0i5	＊i＋i#	按 $F \to i$ 归约
0F3	＊i＋i#	按 $T \to F$ 归约
0T2	＊i＋i#	移进
0T2＊7	i＋i#	移进
0T2＊7i5	＋i#	按 $F \to i$ 归约
0T2＊7F10	＋i#	按 $T \to T＊F$ 归约
0T2	＋i#	按 $E \to T$ 归约
0E1	＋i#	移进
0E1＋6	i#	移进
0E1＋6i5	#	按 $F \to i$ 归约
0E1＋6F3	#	按 $T \to F$ 归约
0E1＋6T9	#	按 $E \to E＋T$ 归约
0E1	#	接受

3.3.4　LR(0)项目集族和 LR(0)分析表的构造

首先讨论一种只概括"历史"资料而不包含推测性"展望"材料的简单状态。我们希望仅由这种简单状态就能识别呈现在栈顶的某些句柄。下面讨论的 LR(0)项目集就是这样一种简单状态。

在讨论 LR 分析法时，需要定义一个重要概念，这就是文法规范句型的"活前缀"。

字的前缀是指该字的任意首部。例如，字 abc 的前缀有 ε、a、ab 或 abc。活前缀是指规范句型的一个前缀，这种前缀不含句柄之后的任何符号。之所以称为活前缀，是因为在右边增添一些终结符之后，就可以使它成为一个规范句型。在 LR 分析工作过程中的任何时候，栈里的文法符号（自栈底而上）$X_1 X_2 \cdots X_m$ 应该构成活前缀，把输入串的剩余部分匹配于其后即应成为规范句型（如果整个输入串确为一个句子的话）。因此，只要输入串的已扫描部分保持可归约成一个活前缀，就意味着所扫描的部分没有错误。

对于一个文法 G，首先要构造一个 NFA，它能识别 G 的所有活前缀。这个 NFA 的每个状态就是一个"项目"。文法 G 中每一个产生式的右部添加一个圆点，称为 G 的一个 LR(0)项目(简称项目)。例如，产生式 A→XYZ 对应有四个项目：

$$A \rightarrow \cdot XYZ$$
$$A \rightarrow X \cdot YZ$$
$$A \rightarrow XY \cdot Z$$
$$A \rightarrow XYZ \cdot$$

但是，产生式 A→ε 只对应一个项目 A→·。在计算机中，每个项目可用一对整数表示，第一个整数代表产生式编号，第二个整数指出圆点的位置。

直观上说，一个项目指明了在分析过程中的某个时刻我们看到的产生式的多大一部分。例如，上述四个项目中的第一个项目意味着我们希望能从后面输入串中看到可以从 XYZ 推出的符号串；第二个项目意味着我们已经从输入串中看到可以从 X 推出的符号串，我们希望进一步看到可以从 YZ 推出的符号串。

例如，文法：

$$S' \rightarrow E$$
$$E \rightarrow aA \mid bB$$
$$A \rightarrow cA \mid d \qquad\qquad (G3.14)$$
$$B \rightarrow cB \mid d$$

该文法的项目有 18 个，即

$$S' \rightarrow \cdot E$$
$$S' \rightarrow E \cdot$$
$$E \rightarrow \cdot aA$$
$$E \rightarrow a \cdot A$$
$$E \rightarrow aA \cdot$$
$$A \rightarrow \cdot cA$$
$$A \rightarrow c \cdot A$$
$$A \rightarrow cA \cdot$$
$$A \rightarrow \cdot d$$
$$A \rightarrow d \cdot$$
$$E \rightarrow \cdot bB$$
$$E \rightarrow b \cdot B$$
$$E \rightarrow bB \cdot$$
$$B \rightarrow \cdot cB$$
$$B \rightarrow c \cdot B$$
$$B \rightarrow cB \cdot$$
$$B \rightarrow \cdot d$$
$$B \rightarrow d \cdot$$

可以使用这些项目状态构造一个 NFA，用来识别这个文法的所有活前缀。这个文法的开始符号 S′仅在第一个产生式的左部出现。使用这个事实，我们规定项目 1 为 NFA 的唯一初态。任何状态(项目)均认为是 NFA 的终态(活前缀识别态)。如果状态 i 和 j 出自同一产生式，而且状态 j 的圆点只落后于状态 i 的圆点一个位置，如状态 i 为

$$X \rightarrow X_1 \cdots X_{i-1} \cdot X_i \cdots X_n$$

而状态 j 为

$$X \rightarrow X_1 \cdots X_i \cdot X_{i+1} \cdots X_n$$

那么，就从状态 i 画一条标志为 X_i 的弧到状态 j。假设状态 i 的圆点之后的那个符号为非终结符，如 i 为 $X \rightarrow a \cdot A\beta$，A 为非终结符，那么，就从状态 i 画 ε 弧到所有 $A \rightarrow \cdot \gamma$ 状态(即所有那些圆点出现在最左边的 A 的项目)。

　　按照这些规定，就可使用这 18 个状态构造一个识别文法 G3.14 活前缀的 NFA，如图 3.11 所示，图中画双圈者指句柄识别态(即这个活前缀的后半截含有句柄)。

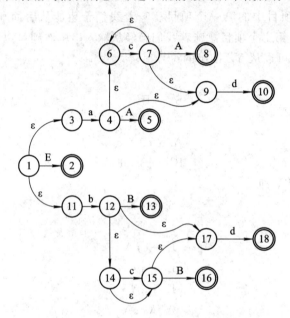

图 3.11　识别文法 G3.14 活前缀的 NFA

　　使用前述所说的子集方法，我们能够把识别活前缀的 NFA 确定化，使之成为一个以项目集合为状态的 DFA，这个 DFA 就是建立 LR 分析法的基础。图 3.12 是图 3.11 相应的 DFA。在这个 DFA 中，我们对状态进行了重新编号，并且把每个状态所含的项目都列在其中。

　　构成识别一个文法活前缀的 DFA 的项目集(状态)的全体称为这个文法的 LR(0)项目集规范族。这个规范族提供了建立一类 LR(0)和 SLR(简单 LR)分析器的基础。

　　为了便于叙述，我们用一些术语来称呼不同的项目：凡圆点在最右端的项目，如 $A \rightarrow \alpha \cdot$，称为一个"归约项目"；对文法的开始符号 S' 的归约项目，如 $S' \rightarrow \alpha \cdot$，称为"接受"项目，显然"接受"项目是一种特殊的归约项目；形如 $A \rightarrow \alpha \cdot a\beta$ 的项目，称为"移进"项目，其中 a 为终结符；形如 $A \rightarrow \alpha \cdot B\beta$ 的项目，称为"待约"项目，其中 B 为非终结符。例如：图 3.12 状态 6～11 中所含的项目都是归约项目；状态 1 所含的项目为接受项目；其他状态均含移进和待约项目。

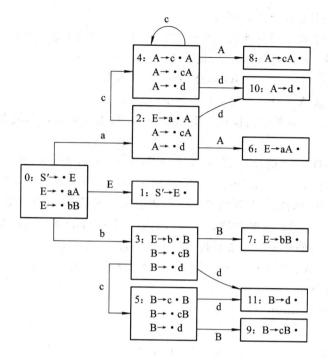

图 3.12 识别前缀的 DFA

3.3.5 LR(0)项目集规范族的构造

下面用第 2 章所引进的 ε_CLOSURE(闭包)的办法来构造一个文法 G 的 LR(0)项目集规范族。

为了使"接受"状态易于识别,我们把文法 G 进行拓广。假定文法 G 是一个以 S 为开始符号的文法,我们构造一个 G′,它包含了整个 G,但它引进了一个不出现在 G 中的非终结符 S′,并加入一个新产生式 S′→S,而这个 S′是 G′的开始符号。那么,我们称 G′是 G 的拓广文法。这样,便会有一个仅含项目 S′→S·的状态,这就是唯一的"接受"状态。

假定 I 是文法 G′的任一项目集,定义和构造 I 的闭包 CLOSURE(I)的步骤如下:

(1) I 的任何项目都属于 CLOSURE(I)。

(2) 若 A→α·Bβ 属于 CLOSURE(I),那么,对任何关于 B 的产生式 B→γ,项目 B→·γ 也属于 CLOSURE(I)。

(3) 重复执行上述两步骤直至 CLOSURE(I)不再增大为止。

例 3.17 对于文法 G3.14,假若 I={S′→·E},则 CLOSURE(I)所含的项目为

$$S' \rightarrow \cdot E$$
$$E \rightarrow \cdot aA$$
$$E \rightarrow \cdot bB$$

这就是图 3.12 状态 0 所代表的项目集。

在构造 CLOSURE(I)时,应注意,对任何非终结符 B,若某个圆点在左边的项目 B→·γ 进入到 CLOSURE(I),则 B 的所有其他圆点在左边的项目 B→·β 也将进入同一个 CLOSURE 集。因此,在某种情况下,并不需要真正列出 CLOSURE 集里的所有项目

B→·γ，而只需列出非终结符 B 即可。

函数 GO 是一个状态转换函数。GO(I，X)的第一个变元 I 是一个项目集，第二个变元 X 是一个文法符号。函数值 GO(I，X)定义为

$$GO(I，X)＝CLOSURE(J)$$

其中，J＝{任何形如 A→αX·β 的项目｜A→α·Xβ 属于 I}。

直观上说，若 I 是对某个活前缀 γ 有效的项目集，则 GO(I，X)便是对 γX 有效的项目集。

例如，令 I 是图 3.12 的项目集 0：{S′→·E，E→·aA，E→·bB}，则 GO(I，a)就是该图中的项目集 2：{E→a·A，A→·cA，A→·d}。即我们检查 I 中所有那些圆点之后紧跟着 a 的项目。0 中的第一个项目 S′→·E 和第三个项目 E→·bB 都不是这样的项目。第二个项目 E→·aA 则是这样的项目。我们把第二个项目的圆点向右移一位，即得项目 E→a·A，于是 J＝{E→a·A}。然后再对 J 求其闭包 CLOSURE(J)。

通过函数 CLOSURE 和 GO 很容易构造一个文法 G 的拓广文法 G′的 LR(0)项目集规范族。构造算法如下：

```
procedure itemsets(G′)
begin
    C：＝{CLOSURE({S′→·S})}；
    repeat
        for  C 中的每个项目集 I 和 G′的每个符号 X  do
            if  GO(I，X)非空且不属于 C  then
                把 GO(I，X)放入 C 族中
    until C 不再增大
end
```

这个算法的工作结果 C 就是文法 G′的 LR(0)项目集规范族。

例如，文法 G3.14 的 LR(0)项目集规范族即如图 3.12 所示的 12 个集合。状态转换函数 GO 把这些集合连接成一张 DFA 转换图。

如果令集合 0 为 DFA 的初态，则图 3.12 的 DFA 就是恰好识别文法 G3.14 的全部活前缀的有限自动机。

3.3.6 有效项目

我们希望从识别文法的活前缀的 DFA 建立 LR 分析器(带栈的确定型有限自动机)，因此需要研究这个 DFA 的每个项目集(状态)中的项目的不同作用。

我们说项目 A→β₁·β₂ 对活前缀 αβ₁ 是有效的，其条件是存在规范推导 $S'\overset{*}{\underset{R}{\Rightarrow}}\alpha A\omega\underset{R}{\Rightarrow}$ αβ₁β₂ω。一般而言，同一项目可能对多个活前缀都是有效的(当一个项目出现在多个不同的集合中时便是这种情形)。若归约项目 A→β₁·对活前缀 αβ₁ 是有效的，则它告诉我们应把符号串 β₁ 归约为 A，即把活前缀 αβ₁ 变为 αA。若移进项目 A→β₁·β₂ 对活前缀 αβ₁ 是有效的，则它告诉我们句柄尚未形成，因此，下一步动作应是移进。但是，可能存在这样的情形，对同一活前缀，存在若干项目对它都是有效的，而且它们告诉我们应做的事情各不相同，互相冲突。这种冲突通过向前多看几个输入符号，或许能够得到解决。下一节将讨论

这种情形。当然，对于非 LR 文法，这种冲突有些是绝对无法解决的，不论超前多看几个输入符号也无济于事。

对于每个活前缀，我们可以构造它的有效项目集。实际上，一个活前缀 γ 的有效项目集正是从上述 DFA 的初态出发，经读出 γ 后而到达的那个项目集（状态）。换言之，在任何时候，分析栈中的活前缀 $X_1X_2\cdots X_m$ 的有效项目集正是栈顶状态 s_m 所代表的那个集合。这是 LR 分析理论的一条基本定理。实际上，栈顶的项目集（状态）体现了栈里的一切有用信息——历史。下面用例子来阐明这个结论。

考虑文法 G3.14 及它的活前缀识别自动机。符号串 bc 是一个活前缀，这个 DFA（图 3.12）在读出这个串后到达状态 5。状态 5 含有三个项目，分别为

$$B \rightarrow c \cdot B$$
$$B \rightarrow \cdot cB$$
$$B \rightarrow \cdot d$$

下面说明这个项目集对 bc 是有效的。为了论证这一点，考虑如下三个规范推导：

$$
\begin{array}{ll}
(1) & S' \Rightarrow E \\
 & \Rightarrow bB \\
 & \Rightarrow bcB \\
(2) & S' \Rightarrow E \\
 & \Rightarrow bB \\
 & \Rightarrow bcB \\
 & \Rightarrow bccB \\
(3) & S' \Rightarrow E \\
 & \Rightarrow bB \\
 & \Rightarrow bcB \\
 & \Rightarrow bcd
\end{array}
$$

其中：推导（1）表明了 $B \rightarrow c \cdot B$ 的有效性；推导（2）表明了 $B \rightarrow \cdot cB$ 的有效性；推导（3）表明了 $B \rightarrow \cdot d$ 的有效性。显然，对于活前缀 bc 不再存在其他有效项目了。

3.3.7　LR(0)分析表的构造

假若一个文法 G 的拓广文法 G' 的活前缀识别自动机中的每个状态（项目集）不存在下述情况：

（1）既含移进项目又含归约项目；

（2）或者含有多个归约项目，

则称 G 是一个 LR(0)文法。换言之，LR(0)文法规范族的每个项目集不包含任何冲突项目。

对于 LR(0)文法，我们可直接从它的项目集规范族 C 和活前缀识别自动机的状态转换函数 GO 构造出 LR 分析表。下面是构造 LR(0)分析表的算法。

假定 $C = \{I_0, I_1, \cdots, I_n\}$，令每个项目集 I_k 的下标 k 作为分析器的状态。特别地，令包含项目 $S' \rightarrow \cdot S$ 的集合 I_k 的下标 k 为分析器的初态。分析表的 ACTION 子表和 GOTO 子表可按如下方法构造。

(1) 若项目 A→α·aβ 属于 I_k 且 GO(I_k，a)=I_j，a 为终结符，则置 ACTION[k，a]为"将(j，a)移进栈"，简记为"s_j"。

(2) 若项目 A→α·属于 I_k，则对任何终结符 a(或结束符♯)，置 ACTION[k，a]为"用产生式 A→α 进行归约"，简记为"r_j"(假定产生式 A→α 是文法 G′的第 j 个产生式)。

(3) 若项目 S′→S·属于 I_k，则置 ACTION[k，♯]为"接受"，简记为"acc"。

(4) 若 GO(I_k，A)=I_j，A 为非终结符，则置 GOTO[k，A]=j。

(5) 分析表中凡不能用规则(1)～(4)填入信息的空白格均置为"报错标志"。

由于假定 LR(0)文法规范族的每个项目集不含冲突项目，因此按上述方法构造的分析表的每个入口都是唯一的(即不含多重定义)。我们称如此构造的分析表是一张 LR(0)表。使用 LR(0)表的分析器叫作 LR(0)分析器。

例 3.18 文法 G3.14 就是一个 LR(0)文法。假定这个文法各个产生式的编号为

$$(0)\ S' \rightarrow E$$
$$(1)\ E \rightarrow aA$$
$$(2)\ E \rightarrow bB$$
$$(3)\ A \rightarrow cA$$
$$(4)\ A \rightarrow d$$
$$(5)\ B \rightarrow cB$$
$$(6)\ B \rightarrow d$$

那么，这个文法的 LR(0)分析表如表 3.9 所示。

表 3.9 LR(0)分析表

状　态	ACTION					GOTO		
	a	b	c	d	♯	E	A	B
0	s_2	s_3				1		
1					acc			
2			s_4	s_{10}			6	
3			s_5	s_{11}				7
4			s_4	s_{10}			8	
5			s_5	s_{11}				9
6	r_1	r_1	r_1	r_1	r_1			
7	r_2	r_2	r_2	r_2	r_2			
8	r_3	r_3	r_3	r_3	r_3			
9	r_4	r_4	r_4	r_4	r_4			
10	r_5	r_5	r_5	r_5	r_5			
11	r_6	r_6	r_6	r_6	r_6			

3.3.8　SLR 分析表的构造

LR(0)文法是一类非常简单的文法，其特点是该文法的活前缀识别自动机的每一个状

态(项目集)都不含冲突性的项目。但是，即使是定义算术表达式这样的简单文法也不是 LR(0)的，因此，需要研究一种简单"展望"材料的 LR 分析法，即 SLR 法。

实际上，许多冲突性的动作都可以通过考察有关非终结符的 FOLLOW 集而获得解决。例如，假定 LR(0)规范族中含有如下的一个项目集(状态)I：

$$I = \{X \rightarrow \alpha \cdot b\beta$$
$$A \rightarrow \alpha \cdot$$
$$B \rightarrow \alpha \cdot \}$$

其中，第一个项目是移进项目，第二个和第三个项目是归约项目。这三个项目告诉我们应该做的动作各不相同，互相冲突。第一个项目告诉我们应该把下一个输入符号 b(如果是 b)移进；第二个项目告诉我们应该把栈顶的 α 归约为 A；第三个项目则告诉我们应该把 α 归约为 B。解决冲突的一种简单办法是，分析所有含 A 或 B 的句型，考察句型中可能直接跟在 A 或 B 之后的终结符，也就是说，考察集合 FOLLOW(A)和 FOLLOW(B)。如果这两个集合不相交，而且都不包含 b，那么，当状态 I 面临任何输入符号 a 时，我们就可以采取如下的"移进-归约"决策：

(1) 若 a=b，则移进。

(2) 若 a∈FOLLOW(A)，则用产生式 A→α 进行归约。

(3) 若 a∈FOLLOW(B)，则用产生式 B→α 进行归约。

(4) 对(1)～(3)项以外的情况，报错。

一般而言，假定 LR(0)规范族的一个项目集 I 含有 m 个移进项目：

$$A_1 \rightarrow \alpha \cdot a_1\beta_1, A_2 \rightarrow \alpha \cdot a_2\beta_2, \cdots, A_m \rightarrow \alpha \cdot a_m\beta_m$$

同时含有 n 个归约项目：

$$B_1 \rightarrow \alpha \cdot, B_2 \rightarrow \alpha \cdot, \cdots, B_n \rightarrow \alpha \cdot$$

如果集合 $\{a_1, \cdots, a_m\}$，FOLLOW(B_1)，$\cdots$，FOLLOW(B_n)两两不相交(包括不得有两个 FOLLOW 集含有"♯")，则隐含在 I 中的动作冲突可通过检查现行输入符号 a 属于上述 n+1 个集合中的哪个集合而获得解决，即

(1) 若 a 是某个 a_i，i=1, 2, $\cdots$, m，则移进。

(2) 若 a∈FOLLOW(B_i)，i=1, 2, $\cdots$, n，则用产生式 B_i→α 进行归约。

(3) 对(1)、(2)项以外的情况，报错。

冲突性动作的这种解决办法叫作 SLR(1)解决办法。

例 3.19 考察下面的拓广文法：

$$(0)\ S' \rightarrow E$$
$$(1)\ E \rightarrow E + T$$
$$(2)\ E \rightarrow T$$
$$(3)\ T \rightarrow T * F$$
$$(4)\ T \rightarrow F \qquad\qquad (G3.15)$$
$$(5)\ F \rightarrow (E)$$
$$(6)\ F \rightarrow i$$

这个文法的 LR(0)项目集规范族为

$$I_0: \quad S' \to \cdot E$$
$$E \to \cdot E + T$$
$$E \to \cdot T$$
$$T \to \cdot T * F$$
$$T \to \cdot F$$
$$F \to \cdot (E)$$
$$F \to \cdot i$$

$$I_1: \quad S' \to E \cdot$$
$$E \to E \cdot + T$$

$$I_2: \quad E \to T \cdot$$
$$T \to T \cdot * F$$

$$I_3: \quad T \to F \cdot$$

$$I_4: \quad F \to (\cdot E)$$
$$E \to \cdot E + F$$
$$E \to \cdot T$$
$$T \to \cdot T * F$$
$$T \to \cdot F$$
$$F \to \cdot (E)$$
$$F \to \cdot i$$

$$I_5: \quad F \to i \cdot$$

$$I_6: \quad E \to E + \cdot T$$
$$T \to \cdot T * F$$
$$T \to \cdot F$$
$$F \to \cdot (E)$$
$$F \to \cdot i$$

$$I_7: \quad T \to T * \cdot F$$
$$F \to \cdot (E)$$
$$F \to \cdot i$$

$$I_8: \quad F \to (E \cdot)$$
$$E \to E \cdot + T$$

$$I_9: \quad E \to E + T \cdot$$
$$T \to T \cdot * F$$

$$I_{10}: \quad T \to T * F \cdot$$

$$I_{11}: \quad F \to (E) \cdot$$

关于这些项目集的转换函数 GO 表示成如图 3.13 所示的 DFA，这就是文法 G3.15 的活前缀识别自动机。

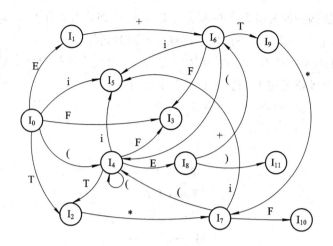

图 3.13 活前缀识别自动机

注意，在这 12 个项目集中，I_1、I_2 和 I_9 都含有"移进-归约"冲突。因为 I_1 中的 $S' \to E\cdot$ 是"接受"项目，所以 I_1 中的冲突确切地说应是"移进-接受"冲突。不难看到，所有这些冲突都可以用 SLR(1) 办法予以解决。例如，考虑 I_2：

$$E \to T\cdot$$
$$T \to T\cdot *F$$

由于 FOLLOW(E)=｛♯，），＋｝，所以，当状态 I_2 面临输入符号"＋"、"）"或"♯"时，应使用产生式 $E \to T$ 进行归约；当面临输入符号"*"时，应实行移进；当面临其他符号时，则应报错。

对任给的一个文法 G，我们可用如下办法构造它的 SLR(1) 分析表：先把 G 拓广为 G'，对 G' 构造 LR(0) 项目集规范族 C 和活前缀识别自动机的状态转换函数 GO，然后再使用 C 和 GO 按下面的算法构造 G' 的 SLR(1) 分析表。

假定 C＝｛I_0，I_1，…，I_n｝，令每个项目集 I_k 的下标 k 为分析器的一个状态，则 G' 的 SLR(1) 分析表含有状态 0，1，…，n。令含有项目 $S' \to \cdot S$ 的 I_k 的下标 k 为初态，则函数 ACTION 和 GOTO 可按如下方法构造：

（1）若项目 $A \to \alpha\cdot a\beta$ 属于 I_k 且 GO(I_k，a)＝I_j，a 为终结符，则置 ACTION[k，a] 为"将状态 j 和符号 a 移进栈"，简记为"s_j"。

（2）若项目 $A \to \alpha\cdot$ 属于 I_k，则对任何终结符 a，a∈FOLLOW(A)，置 ACTION[k，a] 为"用产生式 $A \to \alpha$ 进行归约"，简记为"r_j"。其中，假定 $A \to \alpha$ 为文法 G' 的第 j 个产生式。

（3）若项目 $S' \to S\cdot$ 属于 I_k，则置 ACTION[k，♯] 为"接受"，简记为"acc"。

（4）若 GO(I_k，A)＝I_j，A 为非终结符，则置 GOTO[k，A]＝j。

（5）分析表中凡不能用规则（1）～（4）填入信息的空白格均置为"出错标志"。

按上述算法构造的含有 ACTION 和 GOTO 两部分的分析表，如果每个入口不含多重定义，则称它为文法 G 的一张 SLR(1) 表。具有 SLR(1) 表的文法 G 称为一个 SLR(1) 文法。数字"1"的意思是在分析过程中最多只要向前看一个符号。使用 SLR(1) 表的分析器叫作一个 SLR(1) 分析器。

　　若按上述算法构造的分析表存在多重定义的入口（即含有动作冲突），则说明文法 G 不是 SLR(1)的。在这种情况下，不能用上述算法构造分析器。

　　例如，让我们构造文法 G3.15 的 SLR(1)分析表。这个文法的规范族 $C=\{I_0,I_1,\cdots,I_{11}\}$，它的活前缀识别自动机见图 3.13。下面考虑项目集 I_0：

$$S' \to \cdot E$$
$$E \to \cdot E+T$$
$$E \to \cdot T$$
$$T \to \cdot T*F$$
$$T \to \cdot F$$
$$F \to \cdot (E)$$
$$F \to \cdot i$$

因项目 $F \to \cdot (E)$ 属于 I_0，所以 $ACTION[0,(]=s_4$；同理，项目 $F \to \cdot i$ 使 $ACTION[0,i]=s_5$。

　　再考虑 I_1：

$$S' \to E \cdot$$
$$E \to E \cdot +T$$

第一个项目产生 $ACTION[1,\#]=$ "接受"，第二个项目使 $ACTION[1,+]=s_6$。

　　再考虑 I_2：

$$E \to T \cdot$$
$$T \to T \cdot *F$$

因 $FOLLOW(E)=\{\#,+,)\}$，所以第一个项目使 $ACTION[2,\#]=ACTION[2,+]=ACTION[2,)]=$ "用 $E \to T$ 进行归约"，第二个项目使 $ACTION[2,*]=s_7$。

　　以此类推，我们可得如表 3.7 所示的文法 G3.15 的分析表。

　　每个 SLR(1)文法都是无二义的，但也存在许多无二义文法不是 SLR(1)的。考虑如下文法：

$$(1)\ S \to L=R$$
$$(2)\ S \to R$$
$$(3)\ L \to *R \qquad\qquad (G3.16)$$
$$(4)\ L \to i$$
$$(5)\ R \to L$$

这个文法的 LR(0)项目集规范族为

$$I_0：S' \to \cdot S$$
$$S \to \cdot L=R$$
$$S \to \cdot R$$
$$L \to \cdot *R$$
$$L \to \cdot i$$
$$R \to \cdot L$$
$$I_1：S' \to S \cdot$$

$$I_2: S \rightarrow L \cdot = R$$
$$R \rightarrow L \cdot$$
$$I_3: S \rightarrow R \cdot$$
$$I_4: L \rightarrow * \cdot R$$
$$R \rightarrow \cdot L$$
$$L \rightarrow \cdot * R$$
$$L \rightarrow \cdot i$$
$$I_5: L \rightarrow i \cdot$$
$$I_6: S \rightarrow L = \cdot R$$
$$R \rightarrow \cdot L$$
$$L \rightarrow \cdot * R$$
$$L \rightarrow \cdot i$$
$$I_7: T \rightarrow * R \cdot$$
$$I_8: R \rightarrow L \cdot$$
$$I_9: S \rightarrow L = R \cdot$$

识别这个文法活前缀的 DFA 见图 3.14。

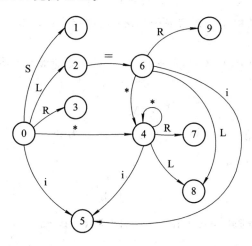

图 3.14　文法 G3.16 的活前缀识别器

考虑 I_2，第一个项目使 $\text{ACTION}[2, =] = s_6$，第二个项目，由于 $\text{FOLLOW}(R)$ 含有"="（因有 $S \Rightarrow L = R \Rightarrow * R = R$），将使 $\text{ACTION}[2, =] =$ "用 $R \rightarrow L$ 归约"，因此，当状态 2 面临输入符号"="时，存在"移进-归约"冲突。

文法 G3.16 是无二义的。产生这种冲突的原因在于，SLR 分析法未包含足够多的"展望"信息，以便于当状态 2 面临"="时能用"展望"信息来决定"移进"和"归约"的取舍。下面两节将讨论功能更强的 LR 分析表。应当记住，即使功能再强的 LR 分析表，仍存在无二义文法不能消除其冲突的情况。但对现实的程序设计语言来说，我们可以回避使用这种文法。

3.3.9　规范 LR 分析表的构造

在 SLR 方法中，若项目集 I_k 含有 $A \rightarrow \alpha \cdot$，那么在状态 k 时，只要所面临的输入符号

$a \in FOLLOW(A)$，就确定采取"用 $A \rightarrow \alpha$ 归约"的动作。但是，在某种情况下，当状态 k 呈现于栈顶时，栈里的符号串所构成的活前缀 $\beta\alpha$ 未必允许把 α 归约为 A，因为可能没有一个规范句型含有前缀 βAa。因此，在这种情况下，用 $A \rightarrow \alpha$ 进行归约未必有效。

例如，我们再次考虑文法 G3.16 的项目集 I_2，当状态 2 呈现于栈顶且面临输入符号"＝"时，由于这个文法不含以"R＝"为前缀的规范句型，因此不能用 $R \rightarrow L$ 对栈顶的 L 进行归约。

可以设想让每个状态含有更多的"展望"信息，这些信息将有助于克服动作冲突和排除那种用 $A \rightarrow \alpha$ 所进行的无效归约。必要时，对状态进行分裂，使得 LR 分析器的每个状态能够确切地指出当 α 后跟哪些终结符时才允许把 α 归约为 A。

我们需要重新定义项目，使得每个项目都附带有 k 个终结符。现在每个项目的一般形式是

$$[A \rightarrow \alpha \cdot \beta, \ a_1 a_2 \cdots a_k]$$

此处，$A \rightarrow \alpha \cdot \beta$ 是一个 LR(0)项目，每一个 a 都是终结符。这样的项目称为一个 LR(k)项目，项目中的 $a_1 a_2 \cdots a_k$ 称为它的向前搜索符串（或展望串）。向前搜索符串仅对归约项目 $[A \rightarrow \alpha \cdot, \ a_1 a_2 \cdots a_k]$ 有意义。对于任何移进或待约项目 $[A \rightarrow \alpha \cdot \beta, \ a_1 a_2 \cdots a_k]$，$\beta \neq \varepsilon$，搜索符串 $a_1 a_2 \cdots a_k$ 不起作用。归约项目 $[A \rightarrow \alpha \cdot, \ a_1 a_2 \cdots a_k]$ 意味着当它所属的状态呈现在栈顶且后续的 k 个输入符号为 $a_1 a_2 \cdots a_k$ 时，才可以把栈顶的 α 归约为 A。这里，我们只对 $k \leqslant 1$ 的情形感兴趣，因为对多数程序语言的语法来说，向前搜索（展望）一个符号就基本可以确定"移进"或"归约"。

形式上我们说一个 LR(1)项目 $[A \rightarrow \alpha \cdot \beta, a]$ 对于活前缀 γ 是有效的，当且仅当存在规范推导

$$S \underset{R}{\overset{*}{\Rightarrow}} \delta A \omega \underset{R}{\Rightarrow} \delta \alpha \beta \omega$$

其中：$\gamma = \delta\alpha$；a 是 ω 的第一个符号，或者 a 为 ♯ 而 ω 为 ε。

例如，考虑文法：

$$S \rightarrow BB$$
$$B \rightarrow aB \mid b$$

它有一个规范推导 $S \underset{R}{\overset{*}{\Rightarrow}} aaBab \underset{R}{\Rightarrow} aaaBab$，我们看到项目 $[B \rightarrow a \cdot B, a]$ 对于活前缀 $\gamma = aaa$ 是有效的。按上面的定义，只需令 $\delta = aa$，$A = B$，$\omega = ab$，$\alpha = a$ 和 $\beta = B$ 即可。

这个文法的另一个规范推导是 $S \underset{R}{\overset{*}{\Rightarrow}} BaB \underset{R}{\Rightarrow} BaaB$，我们看到项目 $[B \rightarrow a \cdot B, ♯]$ 对于活前缀 Baa 是有效的。

构造有效的 LR(1)项目集规范族的办法本质上和构造 LR(0)项目集规范族的办法是一样的，也需要 CLOSURE 和 GO 两个函数。

假定 I 是一个项目集，它的闭包 CLOSURE(I)可按如下方式构造。

(1) I 的任何项目都属于 CLOSURE(I)。

(2) 若项目 $[A \rightarrow \alpha \cdot B\beta, a]$ 属于 CLOSURE(I)，$B \rightarrow \xi$ 是一个产生式，那么对于 FIRST(βa) 中的每个终结符 b，如果 $[B \rightarrow \cdot \xi, b]$ 原来不在 CLOSURE(I)中，则把它加进去。

(3) 重复执行步骤(2)，直至 CLOSURE(I)不再增大为止。

由于 $[A \rightarrow \alpha \cdot B\beta, a]$ 属于对活前缀 $\gamma = \delta\alpha$ 有效的项目集意味着存在一个规范推导

$$S \underset{R}{\overset{*}{\Rightarrow}} \delta A a \chi \underset{R}{\Rightarrow} \delta \alpha B \beta a \chi$$

因此，若由 $\beta a \chi$ 推导出 $b\omega$，则对于每个形如 $B \rightarrow \xi$ 的产生式，有 $S \underset{R}{\overset{*}{\Rightarrow}} \gamma B b \omega \underset{R}{\Rightarrow} \gamma \xi b \omega$，也就是说，$[B \rightarrow \cdot \xi, b]$ 对 γ 也是有效的。注意，b 可能是从 β 推导出的第一个符号，或者，若由 β 推导出 ε，则 b 就是 a。把这两种可能性结合在一起，就说 $b \in FIRST(\beta a)$。

令 I 是一个项目集，X 是一个文法符号，函数 GO(I, X) 定义为

$$GO(I, X) = CLOSURE(J)$$

其中

$$J = \{任何形如 [A \rightarrow \alpha \cdot X \beta, a] 的项目 | [A \rightarrow \alpha \cdot X \beta, a] \in I\}$$

关于文法 G′ 的 LR(1) 项目集族 C 的构造算法如下：

```
begin
    C：＝{CLOSURE({[S′→ · S，＃]})}；
    repeat
    for  C 中的每个项目集 I 和 G′ 的每个符号 X  do
    if  GO(I, X) 非空且不属于 C  then  把 GO(I, X) 加入 C 中
    until  C 不再增大
    end
```

例如，拓广文法：

$$
\begin{array}{ll}
(0)\ S' \rightarrow S \\
(1)\ S \rightarrow BB \\
(2)\ B \rightarrow aB \\
(3)\ B \rightarrow b
\end{array}
\qquad \text{(G3.17)}
$$

其 LR(1) 的项目集 C 和函数 GO 可表示成如图 3.15 所示的有限自动机。

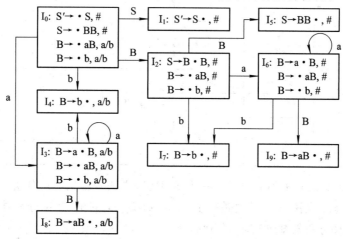

图 3.15 LR(1) 项目集和 GO 函数

图 3.15 中形如 $[A \rightarrow \alpha \cdot \beta, a/b]$ 的项目表示 $[A \rightarrow \alpha \cdot \beta, a]$ 和 $[A \rightarrow \alpha \cdot \beta, b]$ 两个项目的缩写。

注意，图 3.15 中 I_3 与 I_6、I_4 与 I_7、I_8 与 I_9 除了向前搜索不同之外，它们的核心部分都是两两相同的。当我们为这个文法构造 LR(0) 项目集族时，它们是合二为一的，只是由于现

在加上了搜索符被一分为二了。

现在来讨论从文法的 LR(1)项目集族 C 构造分析表的算法。

假定 C＝{I_0，I_1，…，I_n}，令每个 I_k 的下标 k 为分析表的状态，令含有[S′→・S，♯]的 I_k 的 k 为分析器的初态。动作 ACTION 和状态转换 GOTO 可按如下方法构造。

(1) 若项目[A→α・aβ，b]属于 I_k 且 GO(I_k，a)＝I_j，a 为终结符，则置 ACTION[k，a]为"将状态 j 和符号 a 移进栈"，简记为"s_j"。

(2) 若项目[A→α・，a]属于 I_k，则置 ACTION[k，a]为"用产生式 A→α 归约"，简记为"r_j"，其中假定 A→α 为文法 G′的第 j 个产生式。

(3) 若项目[S′→S・，♯]属于 I_k，则置 ACTION[k，♯]为"接受"，简记为"acc"。

(4) 若 GO(I_k，A)＝I_j，则置 GOTO[k，A]＝j。

(5) 分析表中凡不能用规则(1)～(4)填入信息的空白栏均填为"出错标志"。

按上述算法构造的分析表，若不存在多重定义的入口(即动作冲突)的情形，则称它是文法 G 的一张规范的 LR(1)分析表。使用这种分析表的分析器叫作一个规范的 LR 分析器。具有规范的 LR(1)分析表的文法称为一个 LR(1)文法。

例如，文法 G3.17 的规范 LR(1)分析表如表 3.10 所示。

表 3.10　规范 LR 分析表

状　态	ACTION			GOTO	
	a	b	♯	s	B
0	s_3	s_4		1	2
1			acc		
2	s_6	s_7			5
3	s_3	s_4			8
4	r_3	r_3			
5			r_1		
6	s_6	s_7			9
7			r_3		
8	r_2	r_2			
9			r_2		

每个 SLR(1)文法是 LR(1)文法。一个 SLR(1)文法规范的 LR 分析器比其 SLR 分析器含有更多的状态。文法 G3.17 也是一个 SLR(1)文法，它的 SLR 分析器只含 7 个状态，然而其规范的 LR 分析器却含有 10 个状态。

3.3.10　LALR 分析表的构造

LALR(Look-Ahead LR)简称向前的 LR 分析技术，是多数实际编译系统采用的语法分析技术。LALR 方法本质上是一种折中方法。LALR 分析表比规范 LR 分析表要小得多，能力也差一点，但它却能对付一些 SLR(1)所不能对付的情况，例如，文法 G3.16 的情况。

对于同一个文法，LALR 分析表和 SLR 分析表永远具有相同数目的状态。对于 ALGOL 一类的语言来说，一般要用几百个状态，但若用规范 LR 分析表，同一类语言却要用几千个状态。因此，用 SLR 或 LALR 要经济得多。

再次考虑文法 G3.17，它们的 LR(1)项目集见图 3.15。注意，其中 I_3 与 I_6、I_4 与 I_7、I_8 与 I_9 除了搜索符不同之外，其核心部分都是两两相同的。这些貌似相同的项目集，其作用是不同的。例如，考虑 I_4 与 I_7，这两个集合分别仅含有[B→b·，a/b]和[B→b·，♯]。注意，文法 G3.17 所产生的语言是正规集 $a^* ba^* b$。假定规范 LR 分析器所面临的输入串为 aa…abaa…b♯，分析器把第一组 a 和第一个 b 移进栈后进入状态 4。如果后续的输入符号为 a 或 b，则此时分析器将使用产生式 B→b 把栈顶的 b 归约为 B。状态 4 的作用在于，若输入串的第一个 b 之后不是 a 或 b 而是"♯"，则它能及时指出发现了错误。分析器读进输入串的第二个 b 之后进入状态 7，当状态 7 看到句末符"♯"时，分析器将使用产生式 B→b 归约栈顶的 b。若状态 7 看不到"♯"，则立即报告错误。

现在把状态 4 和状态 7 合二为一，变成 I_{47}，它仅含有项目[B→b·，a/b/♯]。把从 I_0、I_3 和 I_6 导入到 I_4 或 I_7 的 b 弧统改为导入到 I_{47}。状态 I_{47} 的作用是，不论面临的输入符号为 a、b 或"♯"，都用 B→b 归约。注意，状态 I_{47} 无法及时发现输入串中所含的错误。但在输入下一个符号之前错误仍将被查找出来。

现在，把上述思想进一步一般化。两个 LR(1)项目集具有相同的心是指除去搜索符之后这两个集合是相同的。如果把所有同心的 LR(1)项目集合并为一，将看到这个心就是一个 LR(0)项目集，这种 LR 分析法称为 LALR 方法。

由于 GO(I，X)的心仅仅依赖于 I 的心，因此 LR(1)项目集合并后的转换函数 GO 可通过 GO(I，X)自身的合并而得到。即在合并项目集时无需考虑修改转换函数的问题。但动作 ACTION 必须进行修改，使之能够反映被合并的集合的既定动作。

假定有一个 LR(1)文法，它的 LR(1)项目集不存在动作冲突，但如果把同心集合并为一，就可能产生冲突，这种冲突不会是"移进-归约"间的冲突。因为若存在这种冲突，则意味着面对当前的输入符号 a，有一个项目[A→α·，a]要求采取归约动作，而同时又有另一个项目[B→β·aγ，b]要求把 a 移进。这两个项目既然同处于合并之后的某一个集合中，则意味着在合并前必有某个 c 使得[A→α·，a]和[B→β·aγ，b]同处于(合并前的)某一集合中。然而，这一点又意味着原来的 LR(1)项目集已存在着"移进-归约"冲突。因此，同心集的合并并不会产生新的"移进-归约"冲突。

但是，同心集的合并有可能产生新的"归约-归约"冲突。例如，考虑文法：

(0) S′ → S

(1) S → aAd | bBd | aBe | bAe

(2) A → c

(3) B → c

这个文法只产生四个符号串：acd、bcd、ace 和 bce。如果构造这个文法的 LR(1)项目集族，就将发现不会存在冲突性动作，因而它是一个 LR(1)文法。在它的集族中，对活前缀 ac 有效的项目集为{[A→c·，d]，[B→c·，e]}，对 bc 有效的项目集为{[A→c·，e]，[B→c·，d]}。这两个集合都不含冲突，它们是同心的。一经合并就变成{[A→c·，d/e]，[B→c·，d/e]}，显然这已是一个含有"归约-归约"冲突的集合了，因为当面临 e 或 d 时，我们不知道该用 A→c 还是用 B→c 进行归约。

1. 由 LR(1)构造 LALR(1)

下面给出构造 LALR 分析表的第一个算法。其基本思想是，构造 LR(1)项目集族，如果它不存在冲突，就把同心集合并在一起；若合并后的集族不存在"归约-归约"冲突，就按这个集族构造分析表。构造分析表算法的主要步骤如下：

(1) 构造文法 G 的 LR(1)项目集族 $C=\{I_0, I_1, \cdots, I_n\}$。

(2) 把所有的同心集合并在一起，记 $C'=\{J_0, J_1, \cdots, J_m\}$ 为合并后的新族。含有项目 $[S'\to\cdot S, \sharp]$ 的 J_k 为分析表的初态。

(3) 从 C' 构造 ACTION 表。

① 若 $[A\to\alpha\cdot a\beta, b]\in J_k$ 且 $GO(J_k, a)=J_j$，a 为终结符，则置 ACTION[k, a]为"s_j"。

② 若 $[A\to\alpha\cdot, a]\in J_k$，则置 ACTION[k, a]为"用 $A\to\alpha$ 归约"，简记为"r_j"，其中假定 $A\to\alpha$ 为文法 G' 的第 j 个产生式。

③ 若 $[S'\to S\cdot, \sharp]\in J_k$，则置 ACTION[k, $\sharp$]为"接受"，简记为"acc"。

(4) GOTO 表的构造。假定 J_k 是 $I_{i1}, I_{i2}, \cdots, I_{it}$ 合并后的新集，由于所有这些 I_i 同心，因此 $GO(I_{i1}, X), GO(I_{i2}, X), \cdots, GO(I_{it}, X)$ 也同心。记 J_i 为所有这些 GO 合并后的集，则有 $GO(J_k, X)=J_i$。于是，若 $GO(J_k, A)=J_i$，则置 GOTO[k, A]=j。

(5) 分析表中凡不能用(3)、(4)填入信息的空白格均填为"出错标志"。

经上述步骤构造的分析表若不存在冲突，则称它为文法 G 的 LALR 分析表。存在这种分析表的文法称为一个 LALR(1)文法。

这个算法的思想虽然简单明确，但实现起来甚费时间和空间。

现在我们再来看一看文法 G3.17 的 LR(1)集(见图 3.15)是如何合并的。

首先把 3 与 6、4 与 7、8 与 9 分别合并成

$$I_{36}: [B\to a\cdot B, a/b/\sharp]$$
$$[B\to\cdot aB, a/b/\sharp]$$
$$[B\to\cdot b, a/b/\sharp]$$
$$I_{47}: [B\to b\cdot, a/b/\sharp]$$
$$I_{89}: [B\to aB\cdot, a/b/\sharp]$$

由合并后的集族所构成的 LALR 分析表如表 3.11 所示。

表 3.11 LALR 分析表

状 态	ACTION			GOTO	
	a	b	$\sharp$	s	B
0	s_{36}	s_{47}		1	2
1			acc		
2	s_{36}	s_{47}			5
3 6	s_{36}	s_{47}			8 9
4 7	r_3	r_3	r_3		
5			r_1		
8 9	r_2	r_2	r_2		

再来看转换函数 GO 是如何计算的。例如，考虑 GO(I_{36}，B)，在原来的 LR(1)项目集族中，GO(I_3，B)=I_8，而 I_8 现在是 I_{89} 的一部分，因此置 GO(I_{36}，B)=I_{89}。又如，GO(I_2，a)指出了在面对 a 执行 I_2 所规定的移进动作之后的转移方向，它出现在 ACTION 表中，原来的 GO(I_2，a)=I_6，因 I_6 是 I_{36} 的一部分，所以现在的 GO(I_2，a)=I_{36}。因此，在分析表中，状态 2 面对 a 的入口填为"s_{36}"，这意味着移进 a 再把状态 36 置于栈顶。

当输入串为 a^*ba^*b 时，不论是表 3.10 的 LR 分析器还是表 3.11 的 LALR 分析器，都给出了同样的移进-归约序列，其差别只是状态名不同而已。对于正确的输入串，LR 和 LALR 分析器始终形影相随。

但是，当输入串有错误时，LALR 可能比 LR 多做些不必要的归约，但 LALR 决不会比 LR 移进更多的符号。即就准确地指出输入串的出错位置这一点而言，LALR 和 LR 是等效的。例如，若输入串为 aab♯，则表 3.10 的 LR 分析器在把(此处把状态栈和符号栈的内容合写在一起)

$$0 \quad a \quad 3 \quad a \quad 3 \quad b \quad 4$$

推进栈后于状态 4 报告错误，因为在表 3.10 中，状态 4 面临"♯"的动作是"出错标志"。然而，对于同一个输入串，表 3.11 的 LALR 分析器将通过相应的动作，把

$$0 \quad a \quad 36 \quad a \quad 36 \quad b \quad 47$$

推进栈。但状态 47 面临"♯"的动作是"用 B→b 归约"。因此，LALR 分析器将把栈的内容改为

$$0 \quad a \quad 36 \quad a \quad 36 \quad B \quad 89$$

而状态 89 面临"♯"的动作是"用 B→aB 归约"，因而栈的内容变为

$$0 \quad a \quad 36 \quad B \quad 89$$

再经一次归约后，栈的内容变为

$$0 \quad B \quad 2$$

这个状态 2 在面临"♯"时将给出错误报告。这说明 LALR 在 LR 已发现错误之后，还继续执行一些多余的归约，但决不会执行新的移进。

2. 由 LR(0)构造 LALR(1)

下面介绍 LALR 项目集构造的另一种算法。

对任何文法 G，通过构造它的 LR(1)项目集，合并同心集，最后形成 LALR(1)项目集，这是一个简单明确的算法，但太费存储空间。因为 LR(1)项目集族比 LR(0)项目集族要大得多。我们希望用和构造 LR(0)项目集族相当的空间构造 LALR(1)项目集族。

注意，目前所讨论的各种项目集都是以一定项目为核的闭包，如果用核代替闭包，则不论哪一种项目集都将大大地缩小它所需要的存储空间。

任何项目集的核是由此集中所有那些圆点不在最左端的项目组成的。唯一例外的是，初态项目集的核含有(而且只含有)项目[S′→·S，♯]。

仅使用核也能有效地(快速地)构造出分析表。首先，通过核构造 ACTION 表。令 I 是一个项目集，K 是它的核。如果 ACTION[I，a]为"用 A→α 归约"，那么，若 α≠ε，则项目 A→α· 必属于 I 的核 K；若 α=ε，则意味着在 K 中必有某个项目[B→β·Cγ，b]，其中

$C \overset{*}{\underset{R}{\Rightarrow}} A\delta$，且 $a \in FIRST(\delta\gamma b)$，但是对任何 C 满足 $C \overset{*}{\underset{R}{\Rightarrow}} A\delta$ 的所有非终结符 A 是可以预先计算出来的。其次，如果 ACTION[I, a]为"移进"，则意味着 K 中有某个项目[A→α·Bρ, b]，其中 $B \overset{*}{\underset{R}{\Rightarrow}} a\omega$，且这个推导的最后一步不使用 ε-产生式，但是对每个 B 满足 $B \overset{*}{\underset{R}{\Rightarrow}} a\omega$ 的所有终结符 a 也是可以预先计算出来的。

下面通过核构造 GOTO 表。假若 GO(I, X)＝J，I 的核为 K，J 的核为 L。显然，若 [A→α·Xρ, a]∈K，则[A→αX·ρ, a]∈J。类似地，如果有某个[B→β·Cγ, b]∈K 且 $C \overset{*}{\underset{R}{\Rightarrow}} A\delta$，a∈FIRST(δγb)，而 A→Xρ 是一个产生式，则[A→X·ρ, a]∈L。

如果对每对非终结符 C 和 A 都预先计算出它们是否有关系 $C \overset{*}{\underset{R}{\Rightarrow}} A\delta$（对一定的 δ），那么，从核构造分析表比从闭包构造分析表仅仅是效率上稍差一点而已。

接下来为每个 LR(0)项目集（核）的每个项目都配上一个搜索符集，使得这个核成为一个 LALR(1)集的核。首先研究搜索符何时从一个集合 I 传播到另一个集合 GO(I, X)。

假定 B→β·Cγ 属于 LR(0)集 I 的核 K，$C \overset{*}{\underset{R}{\Rightarrow}} A\delta$（可能 C＝A 而 δ＝ε），而且 A→Xρ 是一个产生式，显然，A→X·ρ 属于 GO(I, X)的核。如果所考虑的项目集 I 是 LR(1)集而不是 LR(0)集，假定[B→β·Cγ, b]属于 LR(1)集 I 的核 K，那么，GO(I, X)核中[A→X·ρ, a]里的搜索符 a 的产生有两种可能的途径。其一，由 $C \overset{*}{\underset{R}{\Rightarrow}} A\delta$，若 a∈FIRST(δγ)，则这个 a 和 b 不相干，在这种情况下，我们说 GO(I, X)核中的 A→X·ρ 的搜索符 a 是自生的。其二，若 $\delta\gamma \overset{*}{\underset{R}{\Rightarrow}} \varepsilon$，则这个 a 就是 b，在这种情况下，我们说 I 的核 K 中的 B→β·Cγ 把它自己的搜索符 b 传播给 GO(I, X)核中的 A→X·ρ。下面介绍一个简单的算法，该算法将指出 I 的核 K 中的 LR(1)项目何时把自己的搜索符传播到 GO(I, X)。

假定 I 是一个 LR(0)集，K 是它的核，X 是一个文法符号。对于 GO(I, X)核中的每个项目 A→αX·ρ，要构造它自生的所有搜索符；同时指出，K 中有哪些项目将把它们自己的搜索符传播给 GO(I, X)。这个算法如下（其中 ⊕ 是一个假搜索符，用来指示何时出现传播的情形）：

```
    procedure SPONSOR(I, X);
    /＊I 是一个 LR(0)集，X 是一个文法符号，实际上并不需要项目集 I 而只是它的
    核 K ＊/
    for  I 的核 K 中的每个项目 B→γ·δ   do
    begin
    J:=CLOSURE({[B→γ·δ, ⊕]});
    /＊采用对 LR(1)项目集的求闭包法 ＊/
    if  [A→α·Xρ, a]∈J 但 a 不等于 ⊕    then
        GO(I, X)核中的 A→αX·ρ, a 的搜索符 a 是自生的；
    if  [A→a·Xρ, ⊕ ]∈J   then
        GO(I, X)核中的 A→aX·ρ 的搜索符⊕是从 K 中的 B→γ·δ 传播过来的；
    end
```

如何让所有 LR(0)项目集(核)的每个项目都具有作为一个 LALR(1)项目所应具有的全部搜索符? 首先,LR(0)初态集核的唯一项目 $S' \to \cdot S$ 应具有搜索符"♯"。用上述算法,可以为每个核的所有项目列出其全部自生搜索符。然后,让这些自生搜索符进行传播,直到不可能再传播为止。处理传播技术有多种。在某种意义下,这些不同技术都采取某种方法跟踪"新"的搜索符,它们已到达某一项目集,但尚未向外传播。例如,可以用一个三元式 $(I, A \to \alpha \cdot \rho, a)$ 的栈来实现这种跟踪。其中:I 为项目集;$A \to \alpha \cdot \rho$ 为 I 的核中的一个项目;a 为 $A \to \alpha \cdot \rho$ 在 I 中的一个搜索符,对于 a,不论什么 X,它尚未允许传播到任何 GO(I, X)。在下面的算法中将具体地运用这个思想。

对于任何一个含有产生式 $S' \to S$ 的拓广文法 G,可用下面的办法构造它的 LALR(1)项目集(核)族。

(1) 构造 G 的所有 LR(0)集的核。

(2) 使用算法 SPONSOR,对于每个 LR(0)集 I 的核 K 和每个文法符号 X,确定出 GO(I, X)核中的每个项目所有自生的搜索符,并确定 GO(I, X)中哪些项目将接收从 K 中传播过来的搜索符。

(3) 传播每个核的自生搜索符,直到无法再传播为止。这里使用一个可容三元式 $(I, A \to \alpha \cdot \rho, a)$ 的栈 STACK。其中:I 是(指示器指向)一个 LR(0)集;$A \to \alpha \cdot \rho$ 是 I 核里的一个项目;a 是一个终结符,使得 $[A \to \alpha \cdot \rho, a]$ 属于以 I 为心的那个 LALR(1)集中的一个项目。为了避免同一个三元式两次进栈,使用一个三维数组 ON,以使 $ON[I, A \to \alpha \cdot \rho, a]$ 为真当且仅当 $(I, A \to \alpha \cdot \rho, a)$ 已在 STACK 之中;或者说,已发现 a 是 I 中的 $A \to \alpha \cdot \rho$ 的一个搜索符。再使用一个称为 INSERT 的过程,把三元式推进 STACK 中。

下面的 LALR(1)项目集(核)的构造算法(简称"造核算法")将为每个 LR(0)集 I 的核中每个项目 $A \to \alpha \cdot \rho$ 构造一个搜索符集,以使该项目配上这个搜索符集后便是那个以 I 为心的 LALR(1)项目集中的一个项目。

```
begin
(1) for   任何I, A→α・ρ 和a   do
       ON [I, A→α・ρ, a] :=FALSE;
(2) STACK :=空;
(3) INSERT(I₀, S'→ ・S, ♯);
(4) for   每个I, A→α・ρ 和a, a 是 I 中的 A→α・ρ 的一个自生搜索符    do
(5) INSERT(I, A→α・ρ, a);
(6) while   STACK 非空   do
     begin
(7) 移去 STACK 栈顶的(I, B→γ・δ, a);
(8) for   每个文法符号 X   do
(9) for   GO(I, X)核中每个满足下述条件的 A→α・ρ:I 中的 B→γ・δ 把自己的
       搜索符 a 传播给 GO(I, X)中的 A→α・ρ   do
           INSERT(GO(I, X)中的 A→α・ρ)
     end of while
```

end of algorithm

上述算法中所引用的过程 INSERT 如下：

procedure INSERT(I, A→α·ρ, a);

  if not ON[I, A→α·ρ, a] then

   begin

    把三元式(I, A→α·ρ, a)推进 STACK；

    ON [I, A→α·ρ, a]：＝TRUE；

    把 a 加到 I 中的项目 A→α·ρ 的搜索符集中

  end of INSERT

  例如，考虑文法 G3.16。该文法的 LR(0)集族见图 3.14。首先，注意到仅有两个项目能产生搜索符：一个是 $S'→·S$，它自然有搜索符"♯"，造核算法的第(3)行把$(I_0, S'→·S, ♯)$推进 STACK；另一个是 $S→·L=R$，它是属于 I_0 的，如果按算法 SPONSOR 所做的那样重构 $I_0=CLOSURE(\{[S'→·S, ⊕]\})$，那么"＝"是非核项目 $L→·*R$ 和 $L→·i$ 的一个自生搜索符，从而"＝"是 I_4 的核中 $L→*·R$ 和 I_5 的核中 $L→i·$ 的一个自生搜索符，按造核算法的第(4)行把$(I_4, L→*·R, ＝)$和$(I_5, L→i·, ＝)$推进 STACK。

  其次，这个 I_5 中的 $L→i·$ 不会再传播搜索符到 I_5 中的任何其他项目。而且，由于它的圆点已在最右端，所以，也不能把它在 I_5 里的搜索符传播到其他状态的核项目。再考虑$(I_4, L→*·R, ＝)$，查询由算法 SPONSOR 预先计算好的信息，或者如这个算法所做的那样，重新计算闭包，不难发现，I_4 中的 $L→*·R$ 将把它的搜索符"＝"传播到 I_7 中的 $L→*R·$、I_8 中的 $R→L·$、I_5 中的 $L→i·$ 和 I_4 自身。因而，我们把$(I_8, R→L·, ＝)$和$(I_7, L→*R·, ＝)$推进 STACK 栈。而$(I_5, L→i·, ＝)$或$(I_4, L→*·R, ＝)$因已在 STACK 中，所以无需再次进栈。所进栈的这几个项目都不会再传播搜索符，因为圆点都在右端。因此，我们最终发现$(I_0, S'→·S, ♯)$呈现于 STACK 顶。I_0 中的 $S'→·S$ 把搜索符"♯"传播到 I_2 中的 $S→L·=R$、I_3 中的 $S→R·$、I_2 中的 $R→L·$、I_4 中的 $L→*·R$、I_5 中的 $L→i·$ 和 I_1 中的 $S'→S·$。因此，我们把

$$(I_2, S→L·=R, ♯)$$
$$(I_3, S→R·, ♯)$$
$$(I_2, R→L·, ♯)$$
$$(I_4, L→*·R, ♯)$$
$$(I_5, L→i·, ♯)$$
$$(I_1, S'→S·, ♯)$$

推进 STACK。这其中只有第一和第四两个项目将继续传播搜索符。第一个项目引起$(I_6, S→L=·R, ♯)$进栈，第四个项目要求

$$(I_9, S→L=R·, ♯)$$
$$(I_8, S→L·, ♯)$$

进栈。这里省去了将$(I_5, L→i·, ♯)$和$(I_4, L→*·R, ♯)$进栈，因为它们已在栈中。$(I_9, S→L=R·, ♯)$和$(I_8, R→L·, ♯)$都不会再传播搜索符。栈中下一个能传播搜索符的是$(I_4, L→*·R, ♯)$，它将引起$(I_7, L→*R·, ♯)$进栈。最后这个三元式也不会再传播搜索符，至此栈空。最终得到文法 G3.16 的 LALR(1)项目集(核)为

$$I_0: S' \rightarrow \cdot S, \#$$

$$I_1: S' \rightarrow S \cdot, \#$$

$$I_2: S \rightarrow L \cdot = R, \#$$

$$R \rightarrow L \cdot, \#$$

$$I_3: S \rightarrow R \cdot, \#$$

$$I_4: L \rightarrow * \cdot R, =/\#$$

$$I_5: L \rightarrow i \cdot, =/\#$$

$$I_6: S \rightarrow L = \cdot R, \#$$

$$I_7: L \rightarrow * R \cdot, =/\#$$

$$I_8: R \rightarrow L \cdot, =/\#$$

$$I_9: S \rightarrow L = R \cdot, \#$$

注意，文法 G3.16 虽然不是一个 SLR(1)文法，但却是一个 LALR(1)文法。

造核算法旨在提高执行速率，但占用的空间太多。假定项目集个数为 i（通常有数百个），每个核所含的项目平均为 k 个（估计两个），每个核项目平均含有 t 个搜索符（一般约 10 个），那么，数组 ON 和 STACK 的最大深度将分别达 i×k×t 个元素。尽管用位向量来表示搜索符集可以节省一点空间，但占用空间仍然很大。

节省空间的一个办法是用二元式(I, A→α·ρ)栈，并且不用数组 ON。但是，当把一个二元式(I, B→γ·δ)从 STACK 栈移开时（相当于上述造核算法的第(7)行），我们不知道原先是哪个搜索符 a 致使(I, B→γ·δ)进栈的。因此，只能让 I 中的 B→γ·δ 将它现今所有的搜索符沿各个 X 传播到 GO(I, X)的核。若 a 被传播到某个 GO(I, X)的核项目 A→α·ρ，且 a 原来不在 A→α·ρ 的搜索符集中，则把(GO(I, X), A→α·ρ)推进栈。这样，同一个二元式可能在栈中出现多次。但是，二元式所相应的每个搜索符至多只能要求此二元式进栈一次。因此，一个二元式重复进栈的次数肯定少于该二元式所含的搜索符的个数。实际经验表明，在这种情况下，用队列代替栈要好一些。因为对于队列而言，我们可以等待一个二元式在队中出现尽可能多的次数之后再来集中统一处理它们。事实上，这样修改后的算法并不比上述的造核算法慢。有些实际算法既不用栈也不用队列，而是依次创建每个项目集，并把其中的搜索符传播到所有 GO，整个过程一直重复到不存在传播为止。

☞ 3.4 二义文法的应用

任何二义文法都不是 LR 文法，因而不属于上节所讨论的任何一类文法，这是一条定理。但是，像表达式这样的语言结构，二义文法提供的说明比任何其他非二义文法提供的都要简短、自然。另外，为了便于对一些特殊情况进行优化，需要在文法中增加特殊情况产生式，以便把它们从一般结构中分离出来，这种产生式的加入会使文法产生二义性。因此，某些二义文法是非常有用的。

例 3.20 若用文法：

$$E \rightarrow E + E \mid E * E \mid (E) \mid i \qquad (G3.18)$$

来描述含有"＋"、"＊"的算术表达式，则只要对运算符"＋"、"＊"赋予优先级和结合规则，

这个文法就非常简单了。这个文法与文法

$$E \rightarrow E + T \mid T$$
$$T \rightarrow T * F \mid F \qquad (G3.19)$$
$$F \rightarrow (E) \mid i$$

相比，有两个明显的好处：首先，如需改变运算符的优先级或结合规则，无需去改变文法 G3.18 自身；其次，文法 G3.18 的分析表所包含的状态肯定比文法 G3.19 所包含的状态要少得多，因为文法 G3.19 中含有单非产生式（右部只含一个单一的非终结符）$E \rightarrow T$ 和 $T \rightarrow F$，这些旨在定义运算符优先级和结合规则的产生式要占用不少状态和消耗不少时间。下面以文法 G3.18 为例讨论如何使用 LR 分析法的基本思想，并凭借一些其他条件，来分析二义文法所定义的语言。

文法 G3.18 用 $E' \rightarrow E$ 拓广后的 LR(0) 项目集及接受活前缀的 DFA 分别如图 3.16 和图 3.17 所示。

I_0: $E' \rightarrow \cdot E$
$\qquad E \rightarrow \cdot E + E$
$\qquad E \rightarrow \cdot E * E$
$\qquad E \rightarrow \cdot (E)$
$\qquad E \rightarrow \cdot i$
I_1: $E' \rightarrow E \cdot$
$\qquad E \rightarrow E \cdot + E$
$\qquad E \rightarrow E \cdot * E$
I_2: $E' \rightarrow (\cdot E)$
$\qquad E \rightarrow \cdot E + E$
$\qquad E \rightarrow \cdot E * E$
$\qquad E \rightarrow \cdot (E)$
$\qquad E \rightarrow \cdot i$
I_3: $E \rightarrow i \cdot$
I_4: $E \rightarrow E + \cdot E$
$\qquad E \rightarrow \cdot E + E$
$\qquad E \rightarrow \cdot E * E$
$\qquad E \rightarrow \cdot (E)$
$\qquad E \rightarrow \cdot i$

I_5: $E \rightarrow E * \cdot E$
$\qquad E \rightarrow \cdot E + E$
$\qquad E \rightarrow \cdot E * E$
$\qquad E \rightarrow \cdot (E)$
$\qquad E \rightarrow \cdot i$
I_6: $E \rightarrow (E \cdot)$
$\qquad E \rightarrow E \cdot + E$
$\qquad E \rightarrow E \cdot * E$
I_7: $E \rightarrow E + E \cdot$
$\qquad E \rightarrow E \cdot + E$
$\qquad E \rightarrow E \cdot * E$
I_8: $E \rightarrow E * E \cdot$
$\qquad E \rightarrow E \cdot + E$
$\qquad E \rightarrow E \cdot * E$
I_9: $E \rightarrow (E \cdot)$

图 3.16 文法 G3.18 拓广后的 LR(0) 项目集

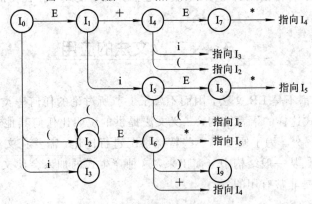

图 3.17 接受活前缀的 DFA

因为文法 G3.18 二义，所以从这些项目集产生 LR 分析表时，肯定会出现分析动作的冲突，冲突出现在项目集 I_7 和 I_8 对应的状态。假如用 SLR 方法来构造动作表，I_7 产生的冲突在 E→E+E 引起的归约及面临"+"和"*"的移进之间，因为"+"和"*"都在 FOLLOW(E) 中。I_8 产生的冲突在 E→E*E 引起的归约及面临"+""*"的移进之间。这些冲突只有借助其他条件才能得到解决，这个条件就是使用关于运算符"+"和"*"的优先级与结合规则的有关信息。

考虑输入串 i+i*i，在处理了 i+i 之后，分析器进入到状态 I_7，这时分析栈的内容为 0E1+4E7，输入串的剩余部分为 *i#，其格局如下：

$$栈 \qquad\qquad 输入$$
$$0E1+4E7 \qquad\qquad *i\#$$

假定"*"的优先级高于"+"，则应把"*"移进栈，即先把"*"和它的左右操作数 i 归约成表达式 E。另一方面，若让"+"的优先级高于"*"，则分析器就应先把 E+E 归约为 E。因此，"+"和"*"的相对优先关系为状态 I_7 和 I_8 解决"移进-归约"冲突提供了依据。

假定输入串为 i+i+i，在处理了 i+i 之后分析器仍然到达 I_7。此时，栈的内容同样是 0E1+4E7，而输入串的剩余部分为 +i#。状态 I_7 面临"+"同样存在"移进-归约"冲突，而运算符"+"的结合律可以被用来解决这一冲突。如果"+"服从左结合，则应先用 E→E+E 实行归约。如果服从右结合，则应先执行移进。通常的习惯是采用左结合规则。

总之，若令"+"服从左结合，则 I_7 面临输入符号"+"时应采用 E→E+E 归约；若令"*"优先于"+"，则 I_7 面临"*"时应执行移进。同理，若令"*"服从左结合，"*"优先于"+"，则状态 I_8 面临"+"或"*"时应采用 E→E*E 进行归约。

采用前述办法可以得到以下文法：

$$(1)\ E \rightarrow E+E$$
$$(2)\ E \rightarrow E*E$$
$$(3)\ E \rightarrow (E)$$
$$(4)\ E \rightarrow i$$

其 LR 分析表如表 3.12 所示。

表 3.12 二义文法 LR 分析表

状 态	ACTION						GOTO
	i	+	*	(	)	#	E
0	s_3			s_2			1
1		s_4	s_5			acc	
2	s_3			s_2			6
3		r_4	r_4		r_4	r_4	
4	s_3			s_2			7
5	s_3			s_2			8
6		s_4	s_5		s_9		
7		r_1	s_5		r_1	r_1	
8		r_2	r_2		r_2	r_2	
9		r_3	r_3		r_3	r_3	

☞ 3.5 　语法分析器的自动生成工具 **YACC** 简介

YACC 是语法分析器生成工具中最著名的、也是最早开发出来的一个工具。YACC 和 Lex 都是源于贝尔实验室的 UNIX 计划，如今 YACC 也成为了 UNIX 系统的标准实用程序。它大大地简化了在语法分析器设计时的手工劳动，将程序设计语言编译器的设计重点放在语法制导翻译上来，从而方便了编译器的设计和对编译器代码的维护。Berkeley 大学开发了和 YACC 完全兼容、但代码完全不一样的语法分析器生成工具 BYACC，GNU 也推出了和 YACC 兼容的语法分析器生成工具 BISON。

语法分析是对输入文件进行的第二次重组，输入文件是有序的字符串。词法分析是第一次重组，即将有序的字符串转换成单词序列。语法分析是在第一次重组的基础上将单词序列转换为语句，它使用的是上下文无关文法的形式规则。一般程序设计语言的形式方法大多是 LALR(1)文法，它是上下文无关文法的一个子类。多数程序设计语言的语法分析都采用 LALR(1)分析表，YACC 也正是以 LALR(1)文法为基础。类似于 Lex，YACC 通过对输入的形式文法规则进行分析产生 LALR(1)分析表，输出以该分析表驱动的语法分析器 C 语言源程序。YACC 的输入文件称为 YACC 源文件，它包含一组以 BNF 书写的形式文法规则以及对每条规则进行语义处理的 C 语言语句。YACC 源文件的文件后缀名一般用.y 表示。YACC 的输出文件一般有两个，在 BISON 下：一个是后缀为.c 的包含有语法分析函数 int yyparse()的 C 语言源程序 xxx.tab.c(其中 xxx 是源文件的文件名)，称为输出的语法分析器；另一个是包含有源文件中所有终结符(词法分析中的单词)编码的宏定义文件 xxx.tab.h(当 BISON 加参数-d 时生成)，称为输出的单词宏定义头文件。用 YACC 建立翻译器的过程如图 3.18 所示。

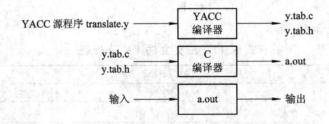

图 3.18　用 YACC 建立翻译器

通常，YACC 源程序包括三个部分，由双百分号％％分隔组成：

　　定义部分

　　％％

　　识别规则部分

　　％％

　　辅助函数部分

例如，一台式计算器读一个算术表达式，计算并打印结果，构造该台式计算器的算术表达式的文法如下：

$$E \rightarrow E + T \mid T$$
$$T \rightarrow T * F \mid F$$
$$F \rightarrow (E) \mid digit$$

记号 digit 是 0～9 之间的单个数字。根据这一文法写出 YACC 的源程序如下：

```
%{
#include <ctype.h>
%}
%token DIGIT
%%
line  : expr '\n'          { printf ("%d\n", $1 ); }
      ;
expr  : expr '+' term      { $$ = $1 + $3; }
      | term
      ;
term  : term '*' factor    { $$ = $1 * $3; }
      | factor
      ;
factor: '(' expr ')'       { $$ = $2; }
      | DIGIT
      ;
%%
yylex() {
   int c;
   c = getchar();
   if (isdigit (c) {
      yylval = c - '0';
      return DIGIT;
   }
   return c;
}
```

☞ 3.6 本 章 小 结

本章首先介绍了上下文无关文法的基本概念以及相关问题，然后引入了语法分析的两种方式，重点讲述了自上而下和自下而上的语法分析，最后简要地介绍了语法分析程序的自动构造方法。

语法分析是编译的重要阶段，是语法制导翻译模式编译器的核心。语法分析也有双重含义：首先，根据一定的规则构成语言的各种结构，即语法规则；其次，根据语法规则识别输入序列中的语言结构，即语法分析。

通过本章的学习，要求读者掌握以下主要内容：

(1) 上下文无关文法涉及的定义、概念以及相关问题。

(2) 自上而下的语法分析面临的问题，以及解决问题的方法。

(3) 递归下降法的算法思想以及实现。

(4) 预测分析法的算法思想和实现，以及预测分析表的生成。

(5) 自下而上语法分析面临的问题，以及解决问题的方法。

(6) LR(0)分析表和SLR(1)分析表之间的关系和构造方法。

(7) 语法分析器的自动生成工具。

☞ 习　题　3

一、填空题

1. 一个上下文无关文法所含的四个组成部分是＿＿＿＿、＿＿＿＿、＿＿＿＿和＿＿＿＿。

2. 设 G 是一个给定的文法，S 是文法的开始符号，如果 $S \overset{*}{\Rightarrow} x$（其中 $x \in (N \cup T)^*$），则称 x 是文法的一个＿＿＿＿。

3. 设 G 是一个给定的文法，S 是文法的开始符号，如果 $S \overset{*}{\Rightarrow} x$（其中 $x \in T^*$），则称 x 是文法的一个＿＿＿＿。

4. 在语法分析中，最常见的两种方法：一个是＿＿＿＿＿＿＿＿＿ 分析法，另一个是＿＿＿＿＿＿＿＿ 分析法。

5. 在自上而下的语法分析中，应先消除文法的＿＿＿＿＿＿＿＿递归，再消除文法的＿＿＿＿＿＿＿ 递归。

6. 规范归约是指在移进过程中，当发现栈顶呈现＿＿＿＿＿＿＿时，就用相应产生式的＿＿＿＿＿＿＿ 符号进行替换。

7. 自下而上的语法分析方法的基本思想是：从给定的终结符串开始，根据文法的规则一步一步地向上进行＿＿＿＿＿，试图＿＿＿＿＿＿到文法的＿＿＿＿＿＿。

8. 在 LR(0)分析法的名称中，L 的含义是＿＿＿＿＿＿，R 的含义是＿＿＿＿＿＿，0 的含义是＿＿＿＿＿＿。

二、选择题

1. 一个句型中的最左＿＿＿＿称为该句型的句柄。

　　A. 短语　　　　B. 直接短语　　　　C. 素短语　　　　D. 终结符号

2. 有限自动机能识别＿＿＿＿。

　　A. 上下文无关文法　　　　　　　　B. 上下文有关文法

　　C. 正规文法　　　　　　　　　　　D. 短语文法

3. 由文法的开始符号 S 经一步或多步推导产生的文法符号序列是 _____。

    A. 短语   B. 句柄   C. 句型   D. 句子

4. 文法 G[E]：

$$E \rightarrow T \mid E + T$$
$$T \rightarrow F \mid T * F$$
$$F \rightarrow a \mid (E)$$

该文法句型 E＋F＊(E＋T)的直接短语是下列符号串中的 _____。

    ①(E+T)   ②E+T   ③F   ④ F＊(E＋T)

    A. ①和③   B. ②和③   C. ③和④   D. ③

5. 规范归约是指 _____。

    A. 规范推导   B. 最右推导的逆过程

    C. 最左推导的逆过程   D. 最左归约的逆过程

6. 在 LR 分析法中，分析栈中存放的状态是识别规范句型 _____ 的 DFA 状态。

    A. 句柄   B. 前缀

    C. LR(0)项目   D. 活前缀

三、判断题

1. 语法分析之所以采用上下文无关文法是因为它的描述能力最强。   (   )

2. 语法分析时必须先消除文法中的左递归。   (   )

3. LR 法是自上而下语法分析方法。   (   )

4. 若一个句型中出现了某产生式的右部，则此右部一定是该句型的句柄。   (   )

5. 一个句型的句柄一定是文法某产生式的右部。   (   )

四、名词解释

上下文无关文法   句柄   活前缀

五、问答题

1. 仿照最左推导和左句型的定义，试叙述最右推导和右句型的定义。

2. 简述自上而下分析的宗旨。

3. 简述递归下降分析法的思想。

4. 根据程序错误性质可以分为哪几种错误？

5. 简述自下而上分析法的思想。

6. 简述分析器的基本动作。

7. 简述构造 LR 分析表的技术。

8. 给定文法：

$$S \rightarrow (L) \mid b$$
$$L \rightarrow L, S \mid S$$

(1) 指出文法的开始符号、终结符、非终结符；

(2) 为下述句子建立最左推导和最右推导，并给出它们最终的语法树；

    ① (b, b)   ② (b, (b, b))   ③ (b, (b, (b, b)))

（3）用自然语言描述该文法所产生的语言。

9. 已知文法 G[S]：

$$S \rightarrow aAcB \mid Bd$$
$$A \rightarrow AaB \mid c$$
$$B \rightarrow bScA \mid b$$

（1）试求句型 aAaBcbbdcc 和 aAcbBdcc 的句柄；

（2）写出句子 acabcbbdcc 的最左推导过程。

10. 已知文法 G[E]：

$$E \rightarrow T \mid E+T \mid E-T$$
$$T \rightarrow F \mid T*F \mid T/F$$
$$F \rightarrow (E) \mid i$$

（1）该文法的开始符号（识别符号）是什么？

（2）给出该文法的终结符集合 T 和非终结符集合 N。

（3）找出句型 T+T*F+i 的所有短语、简单短语和句柄。

11. 消除文法 G[E]：

$$E \rightarrow E-T \mid T$$
$$T \rightarrow T/F \mid F$$
$$F \rightarrow (E) \mid i$$

的左递归。

12. 将文法 G[V]：

$$V \rightarrow N \mid N[E]$$
$$E \rightarrow V \mid V+E$$
$$N \rightarrow i$$

改造为 LL(1)文法。

13. 已知文法 G[S]：

$$S \rightarrow aABe$$
$$A \rightarrow b \mid Abc$$
$$B \rightarrow d$$

（1）改写 G[S]为等价的 LL(1)文法；

（2）求每个非终结符的 FIRST 集合和 FOLLOW 集合；

（3）构造预测分析表；

（4）写出对输入序列 abcde、abcce、abbcde 的分析过程。

14. 已知文法 G[S]：

$$S \rightarrow aA$$
$$A \rightarrow Ab$$
$$A \rightarrow b$$

求识别该文法所有活前缀的 DFA。

15. 已知文法 G[Z]：

$$Z \rightarrow C\ S$$
$$C \rightarrow if\ E\ then$$
$$S \rightarrow A = E$$
$$E \rightarrow E \vee A$$
$$E \rightarrow A$$
$$A \rightarrow i$$

其中：Z、C、S、A、E∈N；if、then、=、∨、i∈T。

(1) 构造此文法的 LR(0)项目集规范族，并给出识别活前缀的 DFA；

(2) 构造其 SLR(1)分析表。

第4章 语法制导翻译与中间代码生成

☞ 4.1 语法制导翻译

编译器在分析过程的最后阶段是进行语义分析，只有在这一步才真正地开始考虑程序设计语言的实际意义，并着手把它们翻译成某种中间代码，这一过程经常采用的方法是语法制导翻译。语法制导翻译模式实际上是对上下文无关文法的一种扩充，即对于文法的每个产生式都附加一个或多个语义动作或语义子程序，且在语法分析过程中，每当需要使用一产生式进行推导或归约时，语法分析程序除执行相应的语法分析动作外还要执行相应的语义动作或者调用相应的语义子程序。它是一种为目前大多数编译程序所采用并在语法分析过程中进行语义处理的翻译技术。

4.1.1 语法与语义

在前几章我们讨论了程序设计语言语法的分析和处理。语法表述的是语言的形式。程序设计语言的大多数语法现象都可用上下文无关文法（CFG）描述，并且已经有了很成熟的形式化描述方法和语法分析器的自动生成工具。

程序设计语言中更重要的一个方面就是附着于语言结构上的语义。语义揭示了程序本身的含义、施加于语言结构上的限制或者要执行的动作。语义比语法要复杂得多。一个语法上正确的句子，它所代表的意义并不一定正确，例如"猫吃老鼠"是一个语法正确的句子，它所代表的意义也被认为是正确的；而"老鼠吃猫"虽然也是一个语法上正确的句子，但它所代表的意义却被认为是错误的。

语义分析的作用有两个：

（1）检查语言结构的语义是否正确，即句子的结构是否正确并且表示的意义是否合法。

（2）执行所规定的语义动作。

应用最广的语义分析方法是语法制导翻译，它的基本思想是将语言结构的语义以属性的形式赋予代表此结构的文法符号，而属性的计算以语义规则的形式赋予由文法符号组成的产生式。在语法分析推导或归约的每一步骤中，通过语义规则实现对属性的计算，以达到对语义的处理。

虽然语义的形式化工作已经有相当的进展，但由于语义的复杂性，使语义分析不能像语法分析那样规范。到目前为止，语义的形式化描述并没有语法的形式化描述那样成熟，使得语义的描述处于一种自然语言描述或者半形式化描述的状态。通常，词法、语法分析器生成器 Lex 和 YACC 为使用者提供用于描述属性的伪变量和语义栈来支持语法制导翻译。

需要说明的是，属性是描述语义的有效方法，由此发展而来的属性文法被认为是上下文无关文法的扩充。但属性并不是描述语义的唯一方法，特别是程序设计语言的动态语义并不适合用属性文法来描述。动态语义形式化描述的方法主要是公理语义、操作语义和指称语义。应用最多的是指称语义，它也被认为是对上下文无关文法的一种扩充。

4.1.2　属性文法

属性文法也称翻译属性文法，它是在上下文无关文法的基础上为每个文法符号(终结符或非终结符)配备若干相关的"值"(称为属性)。这些属性代表与文法符号相关的信息，例如它的类型、值、代码序列、符号表内容等。属性和变量一样，可以进行计算和传递。属性的加工过程即语义处理的过程。对文法的每个产生式都配备了一组属性的计算规则，称为语义规则。

通常将属性分为两类：综合属性和继承属性。简单地说，综合属性用于"自下而上"传递信息，而继承属性用于"自上而下"传递信息。

1. 综合属性

综合属性在实际中被广泛应用。在语法树中，一个结点的综合属性的值由其子结点的属性值确定，因此通常使用自下而上的方法在每一个结点处用语义规则来计算综合属性值。仅仅使用综合属性的属性文法称 S-属性文法。下面以一个简单的例子来说明综合属性的使用和计算过程。

例 4.1　表 4.1 给出了一个简单台式计算器的属性文法，该计算器读入一个可含数字、括号和＋、＊运算符的算术表达式，并打印表达式的值，每个输入行以 n 作为结束。例如，假设表达式为 $3*5+4$，后跟一个换行符 n，则程序打印数值 19。图 4.1 给出了 $3*5+4n$ 的带注释的语法树(就是在语法树中的每个文法符号上加上它们的属性)。在语法树的根打印结果，其值为根的第一个子结点 E. val 的值。

表 4.1　一个简单台式计算器的属性文法

产　生　式	语　义　规　则
L→En	print(E. val);
E→E_1＋T	E. val：＝E_1. val＋T. val;
E→T	E. val：＝T. val;
T→T_1＊F	T. val：＝T_1. val＊F. val;
T→F	T. val：＝F. val;
F→(E)	F. val：＝E. val;
F→digit	F. val：＝digit. lexval;

为了说明属性值是如何计算出来的，首先考虑最底最左边的内部结点。它对应于产生式 F→digit，相应的语义规则为 F. val：＝digit. lexval。由于这个结点的子结点 digit 的属性 digit. lexval 的值为 3，所以决定了结点 F 的属性 F. val 的值也为 3。同样，在 F 结点的父结点处，属性 T. val 的值为 3。

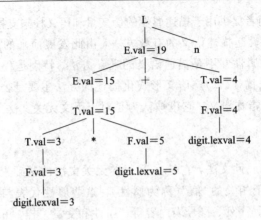

图 4.1 3 * 5 + 4n 的带注释的语法树

再考虑关于产生式 $T \rightarrow T_1 * F$ 的结点。这个结点的属性 T. val 的值是由下面的语义规则确定的：

产 生 式	语 义 规 则
$T \rightarrow T_1 * F$	T. val : = T_1. val * F. val;

当在这个结点应用语义规则时，从左子结点得到 T_1. val 的值为 3，从右子结点得到 F. val 的值为 5，因此这个结点中算得的 T. val 的值为 15。

最后，包括开始符号 L 的产生式 L→En 对应的语义规则打印出通过 E 得到的表达式的值。

2. 继承属性

在语法树中，一个结点的继承属性由此结点的父结点和/或兄弟结点的某些属性确定。用继承属性来表示程序设计语言结构中的上下文依赖关系很方便。例如，我们可以利用一个继承属性来跟踪一个标识符，看它是出现在赋值号的左边还是右边，以确定是需要这个标识符的地址还是值。

在下面的例子中，我们将说明继承属性是怎样为各种标识符提供类型信息的。

例 4.2 在表 4.2 给出的属性文法中，由非终结符 D 所产生的说明含关键字 int 和 real，后跟一个标识符表。非终结符 T 有一个综合属性 type，它的值由说明中的关键字确定。与产生式 D→TL 相应的语义规则 L. in : = T. type 把说明中的类型赋值给继承属性 L. in。然后，利用语义规则把继承属性 L. in 沿语法树往下传，与 L 的产生式相应的语义规则调用过程 addtype 把每个标识符的类型填入符号表的相应项中。

表 4.2 带继承属性 L. in 的属性文法

产 生 式	语 义 规 则
D→TL	L. in : = T. type;
T→int	T. type : = integer;
T→real	T. type : = real;
$L \rightarrow L_1$, id	L_1. in : = L. in; addtype(id. type, L. in);
L→id	addtype(in. type, L. in);

图 4.2 给出了句子 real id_1，id_2，id_3 的带注释的语法树。在三个 L 结点中，in 的值分别给出了标识符 id_1、id_2、id_3 的类型。为了确定这三个属性，先求出根的左子结点的属性值 T. type，然后每项向下计算根的右子树的三个 L 结点的属性值 L. in。在每个 L 结点还要调用过程 addtype，往符号表中插入信息，说明本结点的右子结点上的标识符类型为 real。

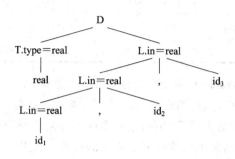

图 4.2 带注释的语法树

4.1.3 语义规则

在一个属性文法中，对应于每个产生式 A→a 都有一套与之相关的语义规则。每条规则的形式如下：

$$b := f(c_1, c_2, \cdots, c_k)$$

这里，f 是一个函数，而且是以下两种情况之一：

（1）b 是 A 的一个综合属性并且 c_1，c_2，$\cdots$，c_k 是产生式右边文法符号的属性。

（2）b 是产生式右边某个文法符号的一个继承属性并且 c_1，c_2，$\cdots$，c_k 是 A 或产生式右边任何文法符号的属性。

在这两种情况下，我们说属性 b 依赖于属性 c_1，c_2，$\cdots$，c_k。

要特别强调的是：

（1）终结符只有综合属性，它们由词法分析器提供。

（2）非终结符既可有综合属性也可有继承属性，文法开始符号的所有属性作为属性计算前的初始值。

一般来说，对于出现在产生式右边的继承属性和出现在产生式左边的综合属性都必须提供一个计算规则。属性计算规则中只能使用相应产生式中的文法符号的属性，这有助于在产生式范围内“封装”属性的依赖性。然而，出现在产生式左边的继承属性和出现在右边的综合属性不由所给的产生式的属性计算规则进行计算，它们由其他产生式的属性规则计算或者由属性计算器的参数提供。

语义规则所描述的工作可以包括属性计算、静态语义检查、符号表操作、代码生成等。语义规则可能产生副作用，也可能不是变元的严格函数（如某个规则给出可用的下一个数据单元的地址）。这样的语义规则通常写成过程调用或过程段。

语义规则有两种表示方式：用抽象的属性和运算符号表示的语义规则称为语法制导定义；而用具体属性和运算表示的语义规则称为翻译方案。下面通过例子来说明语法制导定义和翻译方案的区别。

例 4.3　为下述文法所描述的中缀形式的算术表达式加上适当的语义，得到表达式的后缀表示。其语法制导定义和翻译方案如表 4.3 所示。

表 4.3　语法制导定义与翻译方案

产生式	语法制导定义	翻译方案
L→E	print(E. post);	print_post(post);
E→E₁＋E₂	E. post $:=$ E₁. post‖E₂. post‖'＋';	post(k) $:=$ '＋'; k $:=$ k＋1;
E→num	E. post $:=$ num. lexval;	post(k) $:=$ lexval; k $:=$ k＋1;

表 4.3 中 print(E. post)是 L 的虚拟属性，可以想象为 L. p $:=$ print(E. post)。翻译方案中的. lexval 表示词法分析返回的记号 num 的值，k 为计数器。

语法制导定义仅考虑"做什么"，用抽象的属性表示文法符号所代表的语义，如用. post 表示表达式的后缀式；用抽象的运算符表示语义的计算，如用"‖"表示两个子表达式后缀式的连接运算。属性和运算的具体实现细节不在语法制导定义的考虑范围内。根据例 4.3 可知，. post 是一个综合属性。

翻译方案不但需要考虑"做什么"，还需要考虑"如何做"。例 4.3 中，翻译方案设计了一个数组 post 来存放表达式的后缀形式。由于综合属性是自下而上计算的，所以考虑在自下而上的分析过程中，仅由 num 归约而来的子表达式 E 的后缀式就是它自身，而当归约由两个子表达式和加号组成的表达式时，两个子表达式均已分析过，分别按从左到右的次序存放在 post 中，此时仅需将"＋"添加在 post 中，自然就构成了表达式的后缀式。当然，在实现中还要考虑计数器 k 的初始值等相关问题。

如果忽略实现细节，语法制导定义和翻译方案的作用是等价的。

从某种意义上讲，语法制导定义类似于算法，而翻译方案类似于程序。当我们希望解决一个问题时，首先应该考虑算法，而忽略实现细节，因为这样更便于我们集中精力进行翻译工作，而不会陷入某些繁琐的细节中。

由于翻译方案与具体实现密切相关，因此不同的实现方法可以达到相同的目的。将表达式翻译为后缀式的另一种翻译方案是：无需存放中间过程，直接在分析过程中输出表达式的后缀式。这是因为自下而上的分析过程是对表达式语法树的一次后序遍历，而遍历次序与表达式的后缀表示正好一致。具体的翻译方案如表 4.4 所示（两个语义规则分别可以被认为是产生式左部非终结符 E 的虚拟属性）。

表 4.4　翻 译 方 案

产生式	翻译方案
L→E	
E→E₁＋E₂	print(＋);
E→num	print(lexval);

例 4.4　设 3＋5＋8 是例 4.3 表达式的一个实例，它的注释语法树如图 4.3 所示，其中虚拟属性被括在括号中。读者不难验证，采用深度优先的后序遍历，两棵注释语法树上属性计算的结果是相同的。

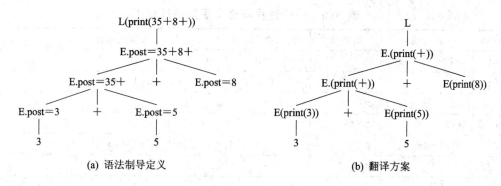

(a) 语法制导定义　　　　　　　　　　　　(b) 翻译方案

图 4.3　3+5+8 的带注释的语法树

4.1.4　LR 分析的翻译概述

LR 分析的翻译方法是将语法制导翻译看做语法分析的扩充。具体扩充方式如下：

（1）扩充 LR 分析器的功能。当执行归约产生式的动作时，也执行产生式对应的语义动作。由于是在归约时执行语义动作，因此限制语义动作仅放在产生式右部的最右边。

（2）扩充分析栈。增加一个与分析栈并列的语义栈，用于存放分析栈中文法符号所对应的属性值。

扩充之后的 LR 分析最适合对综合属性的计算，而对于继承属性的计算还需要进行适当的处理。本章所讨论的翻译方案，除特别声明外，均采用 LR 分析。

本章的重点是语义分析，为了使分析过程简单明了，许多文法都采用简化了的二义文法，而默认解决二义性的方法是为文法符号规定常规意义下的优先级和结合性。例如，表达式中运算符的优先级是乘除法高于加减法等。

例 4.5　在如表 4.5 所示的语法制导定义中，属性.val 用于表达式值的计算。在与之等价的翻译方案中，设计一与分析栈并列的语义栈 val，用于存放文法符号对应的值，top 指针在任何时刻与分析栈栈顶指针所指对象相同。

表 4.5　例 4.5 的语法制导定义和翻译方案

产生式	语法制导定义	翻译方案
L→E	print(E. val);	print(val[top]);
E→$E_1 - E_2$	E. val := E_1. val − E_2. val;	val[top] := val[top] − val[top+2];
E→$E_1 * E_2$	E. val := E_1. val * E_2. val;	val[top] := val[top] * val[top+2];
E→(E)	E. val := E_1. val;	val[top] := val[top+1];
E→num	E. val := num. lexval;	val[top] := lexval;

用表达式 6+5 * 9 的分析过程来验证翻译方案的正确性。分析过程与语义规则的处理如表 4.6 所示。其中："?"仅占据一个位置，其属性并不被关心。

在分析过程中，总是假设在对产生式归约之后执行该产生式的语义动作。因此，此时的分析栈栈顶已下降到当前非终结符处（实际上是非终结符所对应状态处）。如果分析与这一假设不符，则语义动作不正确。

表 4.6　分析过程与语义规则的处理

步骤	分析栈	语义栈	当前输入	语义动作
(1)	#	#	6＋5＊9#	shift
(2)	#num	#6	＋5＊9#	E→num, val[top]∶=lexval
(3)	#E	#6	＋5＊9#	shift
(4)	#E＋	#6?	5＊9#	shift
(5)	#E＋num	#6? 5	＊9#	E→num, val[top]∶=lexval
(6)	#E＋E	#6? 5	＊9#	shift
(7)	#E＋E＊	#6? 5?	9#	shift
(8)	#E＋E＊num	#6? 5? 9	#	E→num, val[top]∶=lexval
(9)	#E＋E＊E	#6? 5? 9	#	E→E_1＊E_2, val[top]∶=val[top]＊val[top＋2]
(10)	#E＋E	#6? 45	#	E→E_1＋E_2, val[top]∶=val[top]＋val[top＋2]
(11)	#E	#51	#	acc

4.1.5　递归下降分析的翻译概述

递归下降子程序方法的分析过程是从上到下构造一棵语法树，也就是对虚拟语法树的一次深度优先遍历。任何一个非终结符所对应的子程序，只有遍历过父亲和所有左边的兄弟后才会进入该子程序。进入时可以得到父亲和所有左兄弟的继承属性；当所有的子孙均被遍历之后才可能退出该子程序，退出时可以得到所有子孙的综合属性。由于所有非终结符的子程序实质上就是对产生式右部的展开，所以等价于计算属性的语义规则可以放在产生式右部的任何位置，或者说放在子程序中的任何位置。而 LR 分析的语法制导翻译仅可以将语义规则放在产生式右部的最右边，因为当产生式右部全部移进栈后才可能归约和执行语义规则。从这一点看，自上而下分析比自下而上分析在属性的计算上更直接、方便。

例 4.6　对于算术表达式的 EBNF 文法：

$$L → \{E; \}$$
$$E → T\{(+|-)T\}$$
$$T → F\{(＊ | / | mod)F\}$$
$$F → (E) | id | num$$

我们利用某种程序设计语言表示上述文法，并且加上适当的数据结构与基本函数，就形成了非终结符的递归下降子程序，对此程序进行修改即可得到递归下降分析翻译方案。

首先，设计变量 lookahead 和 eof。lookahead 是当前的下一输入终结符，eof 是输入的结束标志。另外，设计一个函数 match(t)，它的作用是进行终结符的匹配。将 lookahead 与 t 进行比较，若相同则取下一终结符，否则报错。具体程序如下：

```
function match(t∶ token_type)              --函数返回下一个标识符的值
begin if t＝lookahead then
    lookahead∶=lexan; val∶=lexval;        --lexan 是记号，lexval 是记号的值
    else error("syntax error1");
    end if;
```

```
        return val;
    end match;
    procedure L is                                     --展开非终结符 L
    begin
        lookahead：=lexan; val：=lexval;
        while (lookahead/=eof)
        loop put(E(val)); val：=match('；')；
        end loop;
    end L;
    function E(val：val_type) return val_type is        --展开非终结符 E
    left：val_type;
    begin
        left：=T(val)；
        while lookahead∈(＋|－)
        loop val：=match(lookahead)；left：=left＋T(val)；  --＋或－运算
        end loop;
        return(left)；
    end E;
    function T(val：val_type) return val_type is        --展开非终结符 T
    left：val_type;
    begin
        left：=F(val)；
        while lookahead∈(＊|/|mod)
        loop val：=match(lookahead)；left：=left＊F(val)；  --＊或/或 mod 运算
        end loop;
        return(left)；
    end T;
    function F(val：val_type) return val_type is        --展开非终结符 F
    val：val_type;
    begin
        case lookahead is
            '('：val：=match('(')；val：=E(val)；temp：=match(')')；
            num：temp：=match(num)；
            other：error(syntax error2)；
        end case;
        return val;
    end F;
```

☞ **4.2 中间代码**

中间代码是中间代码生成器输出的中间表示。从原理上说，源程序在语义分析完成以后，已经具备了生成目标代码的条件，完全可以跳过后面的若干阶段，直接生成目标代码。但是，由于源代码与目标代码的逻辑结构往往差别很大，特别是考虑到具体机器指令系统的特点，要使翻译一次到位很困难，而且用语法制导翻译方法机械生成的代码往往是繁琐、复杂和低效的，因此，有必要设计一种中间代码。首先通过语法制导翻译生成此中间代码，然后在中间代码的基础上再考虑对代码的优化和最终目标代码的生成。中间代码实际上应起编译器前端与后端分水岭的作用，目的是便于编译器的开发移植和代码的优化。

中间代码的主要形式有树、后缀式、三地址码等。最基本的中间代码形式是树，它实质上就是一棵语法树，其他几种形式的中间代码均与树有对应关系，或者直接可以由树得到。最为常用的中间代码形式是三地址码，它的实现常采用四元式形式。三地址码的形式接近机器指令，且具有便于优化的特征。

下面详细介绍目标代码的几种形式。

4.2.1　后缀式

后缀式表示法又称逆波兰表示法，其特征是运行量（操作数）在前，运算符紧跟其后。例如：$a+b*c$ 的后缀式为 $abc*+$；而 $(3+5)*(8+2)$ 的后缀式为 $35+82+*$。

表达式 E 的后缀式定义如下：

(1) 如果 E 是变量或常量，则 E 的后缀式是 E 自身。

(2) 如果 E 为 E_1 op E_2 形式，则 E 的后缀式为 $E_1' E_2'$op。op 是任何二元操作符。其中 E_1' 和 E_2' 分别为 E_1 和 E_2 的后缀式。

(3) 如果 E 为 (E_1) 形式，则 E_1 的后缀式就是 E 的后缀式。

这种表示法不使用括号。例如，$(a+b)*c$ 将被表示成 $ab+c*$。根据运算量和运算符出现的先后位置，以及每个运算符的目数，即可完全决定一个表达式的分解。例如：$a*(b+c)$ 的后缀式为 $abc+*$；$(a+b)*(c+d)$ 的后缀式为 $ab+cd+*$。

把一般表达式翻译成后缀式是很容易的。表 4.7 给出了把表达式翻译为后缀式的语义规则描述，其中 E.code 表示 E 的后缀式，op 表示任意二元操作符，"||"表示后缀形式的连接。

表 4.7　把表达式翻译为后缀式的语义规则描述

产生式	语义规则
$E \rightarrow E_1$ op E_2	E.code := E_1.code$||E_2$.code$||$op;
$E \rightarrow (E_1)$	E.code := E_1.code;
$E \rightarrow$ id	E.code := id;

后缀表示形式可以从表达式推广到其他语言成分。

4.2.2　三地址码

三地址码是由三个地址组成的一个运算。每条语句通常含有三个地址，两个用来表示操作数，一个用来存放结果。

三地址码是由下面一般形式的语句构成的序列：

$$x := y \text{ op } z$$

其中：x、y、z 为名字、常数或编译时产生的临时变量；op 为运算符，如定点运算符、浮点运算符、逻辑运算符等。每个语句的左边只有一个运算符。例如，源语言表达式 x＋y＊z 可以被翻译成下列语句序列：

$$T_1 := y * z$$
$$T_2 := x + T_1$$

其中，T_1、T_2 为编译时产生的临时变量。

三地址码类似于汇编语言，因此从三地址码生成目标代码比较容易。但是它又不涉及与具体机器有关的实现细节，例如地址 arg_1、arg_2、result 在三地址码中仅代表抽象的变量，而它们到底是寄存器变量、内存变量，还是常量，在三地址码中并不被考虑，因此便于对程序进行与机器无关的控制流的优化。三地址码是最终生成目标代码的理想中间代码形式。

形式上，三地址码与程序设计语言中的数学表达式或赋值语句很相似，但是它有一个明显的特征，即形式上是最多仅由一个二元运算组成的赋值语句。例如，赋值语句 x：＝a＋b＊c 的三地址码形式是序列：

$$T_1 := b * c$$
$$T_2 := a + T_1$$
$$x := T_2$$

三地址码的种类如表 4.8 所示，它们构成了三地址码的指令集合。大部分形式的三地址码所表示的意义很直接，这里仅将个别形式做一简单解释。x[i]表示对数组元素的引用；(10)和(11)分别表示取数组元素的值和向数组元素赋值；(12)、(13)、(14) 借用了 C/C++ 的语法和语义，分别表示对地址和指针的引用形式的取值和赋值。

表 4.8　三地址码的种类

序号	三地址码	四元式
(1)	x：＝y op z	(op, y, z, x)
(2)	x：＝op y	(op, y, , x)
(3)	x：＝y	(：＝, y, , x)
(4)	goto L	(j, , , L)
(5)	if x goto L	(jnz, x, , L)
(6)	if x relop y goto L	(jrelop, x, y, L)
(7)	param x	(param, , , x)
(8)	call n, p	(call, n, , p)
(9)	return y	(return, , , y)
(10)	x：＝y[i]	(＝[], y[i], , x)
(11)	x[i]：＝y	([]＝, y, , x[i])
(12)	x：＝&y	(＝&, y, , x)
(13)	x：＝＊y	(＝＊, y, , x)
(14)	＊x：＝y	(＊＝, y, , x)

三地址码可以有多种实现方式，常用的有三元式、间接三元式和四元式等。间接三元式是一种介于三元式和四元式之间的折中形式。下面仅对三元式和四元式做一简单介绍。

1. 三元式

1) 三元式表示

为了避免把临时变量单独填入到符号表，我们可以通过计算这个临时变量值的语句的位置来引用该临时变量。这样表示三地址码的记录只需要三个域：op、arg_1 和 arg_2。因为用了三个域，所以称之为三元式。其通常表示为

$$(i) \ (op, arg_1, arg_2)$$

它所代表的计算是：

$$(i) := arg_1 \ op \ arg_2$$

即左、右操作数 arg_1 和 arg_2 进行 op 运算，运算结果存放在三元式的编号(i)中。它们或者是指向符号表的指针（对于程序中定义的名字或常量而言），或者是指向三元式组某一记录的指针（对于临时变量而言）。

三元式的编号具有双重含义，既代表三元式，又代表三元式存放的结果。三元式一般按顺序存放在数组结构的三元式组中，三元式组中的每个项是一个记录，其中的三个域分别存放三元式中的各项。三元式的序号一般是隐含的，由其在三元式组中的位置（下标）决定。由于三元式序号的作用和三元式的存储方式，使得三元式存在一个弱点，即三元式在三元式组中的位置一旦确定，就不允许被改变。这给代码的优化带来困难，因为代码优化常使用的方法是删除某些代码或将某些代码移动位置，而一旦进行了代码的删除或移动，则表示某三元式的序号就会发生变化，从而使得其他三元式中对原序号的引用无效。

例 4.7 表达式 x := a+b * c 可由一组三元式表示为

$$(1) \ (\ * , b, c)$$
$$(2) \ (+ , a, (1))$$
$$(3) \ (:= , x, (2))$$

其中：标识符 a、b、c、x 分别表示它们的存储位置，即指向符号表的指针；序号(1)、(2)、(3)分别是它们在三元式表中的位置，即指向三元式组的指针。

2) 三元式的语法制导翻译

为文法符号和产生式设计如下的属性和语义函数：

(1) 属性 . code：表示三元式代码，指示标识符的存储位置或三元式表中的位置。

(2) 属性 . name：给出标识符的名字。

(3) 函数 trip(op, arg_1, arg_2)：生成一个三元式，返回三元式的序号，若操作符是一元的，如 E→—E_1，则 arg_2 可以为空。

(4) 函数 entry(id. name)：根据标识符 id. name 查找符号表并返回它在符号表中的位置或存储位置。为了直观，三元式中仍以标识符自身的名字表示。

对于简单赋值语句的求值，三元式语法制导翻译如下：

(1) A→id := E　　　{A. code := trip(:= , entry(id. name), E. code);}

(2) E→E_1+E_2　　　{E. code := trip(+ , E_1. code, E_2. code);}

(3) E→E_1 * E_2　　　{E. code := trip (* , E_1. code, E_2. code);}

(4) E→(E₁)　　　　{E. code：=E₁. code；}

(5) E→—E₁　　　　{E. code：=trip(—，E. code)；}

(6) E→id　　　　　{E. code：=entry(id. name)；}

　　例 4.8　赋值语句 x：=a—b＊c 的注释语法树如图 4.4 所示。语法制导翻译生成三元式的主要过程如表 4.9 所示，其中的属性计算是在自下而上分析过程中每次"剪句柄"之后进行的。

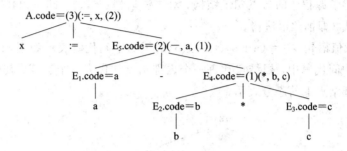

图 4.4　x：=a—b＊c 的注释语法树

表 4.9　语法制导翻译生成三元式的主要过程

步骤	"剪句柄"使用的产生式	属性计算结果
(1)	E₁→a	E₁. code＝a
(2)	E₂→b	E₂. code＝b
(3)	E₃→c	E₃. code＝c
(4)	E₄→E₂ ＊ E₃	E₄. code＝(1)(＊，b，c)
(5)	E₅→E₁—E₄	E₅. code＝(2)(—，a，(1))
(6)	A→x：=E₅	A. code＝(3)(：=，x，(2))

2. 四元式

　　四元式是具有四个域的记录结构，这四个域分别为

$$（op，arg_1，arg_2，result）$$

其中：op 为运算符；arg_1、arg_2 及 result 为指针。例如，三地址语句 x：=y op z 可以表示为四元式(op，y，z，x)。带有一元运算符的语句如 x：= —y 或者 x：=y 的表达式中不用 arg_2。条件和无条件语句将目标标号置于 result 域中。赋值语句 a：=b＊—c＋b＊—c 的四元式表示如表 4.10 所示。

表 4.10　a：=b＊—c＋b＊—c 的四元式

序号	op	arg₁	arg₂	result
(0)	uminus	c		T₁
(1)	＊	b	T₁	T₂
(2)	uminus	c		T₃
(3)	＊	b	T₃	T₄
(4)	＋	T₂	T₄	T₅
(5)	：=	T₅		a

通常四元式中的 arg_1、arg_2 和 result 的内容都是一个指针,此指针指向有关名字的符号表入口。这样临时变量也要填入符号表。

4.2.3 图形表示

1. 抽象语法树

语法树描述了源程序的自然句子结构,对语法树稍加修改,即可以作为一种图形中间代码的表示形式,即抽象语法树。

例 4.9 赋值语句 $x := (a+b)*(a+b)$ 的树的中间代码表示如图 4.5 所示。在抽象语法树表示的中间代码中,根结点和每一个内部结点均代表一个运算,其中运算的次序由附加在根和内部结点上的序号表示。

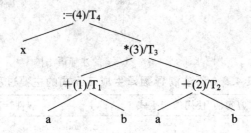

图 4.5 图形表示的中间代码

2. 树的语法制导翻译

对简单赋值语句的求值进行树的语法制导翻译如下:

(1) $A \rightarrow id := E$ {A.nptr := mknode(:= , mkleaf(entry(id.name)), E.nptr);}

(2) $E \rightarrow E_1 + E_2$ {E.nptr := mknode(+ , E_1.nptr, E_2.nptr);}

(3) $E \rightarrow E_1 * E_2$ {E.nptr := mknode(* , E_1.nptr, E_2.nptr);}

(4) $E \rightarrow (E_1)$ {E.nptr := E_1.nptr;}

(5) $E \rightarrow -E_1$ {E.nptr := mknode(@ , E_1.nptr);}

(6) $E \rightarrow id$ {E.nptr := mkleaf(entry(id.name));}

其中:属性.nptr 表示指向树结点的指针;函数 mknode(op, $nptr_1$, $nptr_2$)生成一个根或内部结点,结点的数据是 op,左、右孩子分别是 $nptr_1$ 和 $nptr_2$ 所指向的子树,若仅有一个孩子,则 $nptr_2$ 为空;函数 mkleaf(node)生成一个叶子结点。

3. 树的优化表示——DAG

考察图 4.5 所示的树,结点 *(3)的两棵子树完全相同,反映在计算上就是 a+b 被重复计算了一次,这显然是一种浪费。为了避免这种情况,可以将树的表示进行某种程度的优化。如果若干个结点有完全相同的孩子,则这些结点可以指向同一个孩子(如图 4.6 所示),形成一个有向无环图(Directed Acyclic Graph,DAG)。DAG 与树的唯一区别是多个父亲可以共享同一个孩子,从而达到节省资源的目的。DAG 的语法制导翻译与树的语法制导翻译类似,仅需要在 mknode 和 mkleaf 中增加相应的查询功能,查看所要构造的结点是否已经存在，若存在，则无需构造新的结点，直接返回指向已存在结点的指针即可。

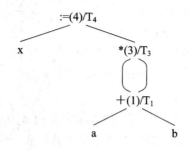

图 4.6　DAG

4. 树与其他中间代码的关系

树表示的中间代码与后缀式之间存有内在的联系。对树进行深度优先的后序遍历，得到的线性序列就是后缀式，或者说后缀式是树的一个线性化序列；而对于每棵父子关系的子树，父亲结点作为操作符，两个孩子结点作为操作数，恰好组成一个三元式，且父亲结点的序号成为三元式的序号。为每个三元式序号赋一个临时变量，就不难将三元式转换为四元式。

例 4.10　赋值语句 x：＝(a＋b)＊(a＋b)的后缀式为 xab＋ab＋＊：＝，而对图 4.5 进行后序遍历后得到的线性序列也正好为 xab＋ab＋＊：＝。

☞　4.3　说明性语句的翻译

说明性语句的作用是为可执行语句提供信息，以便其执行。对说明性语句的处理，主要是将所需要的信息正确地填入合理组织的符号表中。本节将讨论常见说明性语句的翻译技术。

4.3.1　变量和数组变量的声明

在许多语言中，类型说明性语句具有以下形式：

〈类型名〉〈变量名表〉

其中：类型名可以是程序设计语言提供的简单数据类型名（如 integer、boolean 、real 等），也可以是程序设计人员自定义的数据类型名（如结构、联合等）；变量名表是以逗号隔开的变量或数组名。

1. 变量的声明和变量声明的语法制导翻译

变量的声明语句提供了变量名和变量类型的信息。对变量声明的处理比较简单，只要将变量名、变量类型和变量所需存储空间的信息填入符号表即可。假设过程中可以声明若干个变量，则关于变量声明的语法描述如下：

$$D \rightarrow D; D \qquad (1)$$
$$| \ id: T \qquad (2)$$
$$T \rightarrow int \qquad (3) \qquad\qquad (G4.1)$$
$$| \ real \qquad (4)$$
$$| \ array[num] \ of \ T(5)$$
$$| \ \hat{} T \qquad (6)$$

其中：产生式(5)是数组类型的声明，其数组元素个数由 num 表示；产生式(6)是指针类型的声明，它占据的存储空间是个常量。数组元素的类型和指针指向对象的类型可以是任意合法的类型，因此，对于一个多维数组 A 的声明，其形式可以是 A：array[d_1] of array[d_2] of … array[d_n] of integer。从结构上看，这应该是一个以行为主要存储的数组，因为第一维是有 d_1 个元素的一维数组，每个元素又是一个 $n-1$ 维的数组。

填写符号表信息的语法制导定义可设计如下：

(1) D→D; D

(2) | id: T   {enter(id. name, T. type, offset);
                                     offset := offset + T. width;}

(3) T→int   {T. type := integer; T. width := 4;}

(4) | real   {T. type := real; T. width := 8;}

(5) | array[num] of T_1 {T. type := array(num. val, T_1. type);
                                     T. width := num, val $*$ T_1. width;}

(6) |$\hat{}T_1$ {T. type := pointer(T_1. type); T. width := 4;}

其中：全程量 offset 用于记录当前被处理符号存储分配的偏移量，设定初始值为 0；属性. name 给出标识符的名字；属性. val 给出整型数的值；属性 . type 和 . width 分别表示类型和此类型变量所占据的存储空间，也称为宽度；过程 enter(name, type, offset)为 type 类型的变量 name 建立符号表条目，并为它分配存储位置 offset。

例 4.11 下述是一个符合文法 G4.1 要求的源程序：

     a：array[10] of int;

     x：int

为它建立的语法树如图 4.7(a)所示，归约时使用的产生式和语义处理结果如表 4.11 所示，而填写的符号表内容如图 4.7(b)所示。

表 4.11　例 4.11 的产生式和语义处理结果

步骤	产生式	语义处理结果
(1)	T_1→int	T_1. type := integer; T_1. width := 4;
(2)	T_2→array[num] of T_1	T_2. type := array(10, integer); T_2. width := 40;
(3)	D_1→id: T_2	enter(a, array(10), 0); offset := 40;
(4)	T_3→int	T_3. type := integer; T_3. width := 4;
(5)	D_2→id: T_3	enter(x, integer, 40); offset := 40;

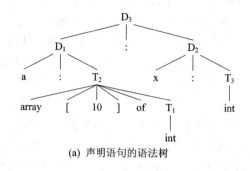

a	array(10, integer)	0
x	integer	40
	...	

(a) 声明语句的语法树　　　　　　　　　　(b) 符号表内容

图 4.7　声明变量的分析和处理

2. 数组变量的声明

符号表中只需要提供四个域(name, type, offset, width)就可以记录简单变量的最基本信息, 它们分别给出了简单变量的名字、类型、相对存储位置以及变量的宽度。

相对于简单变量而言, 数组声明时需要记录的信息要多得多, 至少需要包含计算宽度所需要的信息。如果希望简单变量和数组变量存放在一张符号表中, 则会出现应该设计拥有多少个域的符号表的问题。一个方法就是让数组在符号表中占用与简单变量同样多的域, 而对于数组所需要的详细信息, 另外安排一个称为内情向量的数据结构, 并在符号表中安排一个指针, 指向内情向量地址。例如, 如表 4.12 所示的符号表中有两个变量: 变量 x 是一个整型变量, 它可以被分配在相对某个首地址距离为 0 的某地址空间; 变量 a 是一个数组, 它的内情向量首地址由 ptr 指示, 而有关数组 a 的所有详细信息均存放在内情向量中。

表 4.12　数据在符号表中的存放

name	type	offset	width
x	int	0	4
a	arr	ptr	40

数组分为静态数组和动态数组。

1) 静态数组

一个 n 维整型数组可以声明如下:

$$\text{array}[d_1] \text{ of array}[d_2] \text{ of } \cdots \text{ array}[d_n] \text{ of integer}$$

为了以后数组元素的引用, 数组声明时需要保存的信息应该包括: 数组的首地址偏移量 offset、数组的维数 n、每维的成员个数 d_i、数组元素的类型 type 以及计算数组元素地址所需不变部分的 c。数组的内情向量组成如图 4.8 所示, 这些信息均可以在处理数组声明时填写进来。此处的类型 type 用于确定数组元素的宽度。

n		c	offset	type
d_1	d_2		...	d_n

图 4.8　数组的内情向量

c 是计算数组元素在被分配的数组存储空间中的相对位置所需的一个常数，而元素在数组空间的相对位置与 n 维数组的存储方式有关，即与将 n 维数组转化为一维的内存空间时的转化方式有关。转化方式一般有两种：以行为主存储和以列为主存储。数组的存储方式可以用语法的形式加以限制（如根据文法 G4.1 所声明的数组），但这种限制并不是必须的。上述 n 维数组更一般的表示可以是：

$$array [d_1, d_2, d_3, \cdots, d_n] \text{ of integer}$$

显然文法无法确定它是以行为主存储的还是以列为主存储的。此时需要一个约定，然后由编译器去实现这个约定。不同的程序设计语言约定可以不同，但对于任何一个程序设计语言，约定是唯一的，即只能采用一种存储方式。在以行为主存储的约定下，可以用下述递推公式计算 c：

$$c_1 = 1$$
$$c_j = c_{j-1} * d_j + 1 \qquad (j = 1, 2, 3, \cdots, n) \tag{4.1}$$

当 $j = n$ 时，得到 $c = c_n$。c 的计算依据将在数组元素引用的语法制导翻译中详细讨论。

文法 G4.1 中的产生式(5)是一个右递归的产生式，所以在自上而下分析过程中，移进先于归纳，也就是说，最早得到的是 d_n，而最后得到的是 d_1。这与计算 c 的递推公式(4.1)的次序正好相反。为了使分析与计算一致，修改 G4.1 中关于数组声明的相关产生式，得到下述数组变量声明的左递归文法：

$$AR \rightarrow id : array[num] \text{ of} \qquad (1)$$
$$AR \rightarrow AR \ array[num] \text{ of} \qquad (2)$$
$$D \rightarrow AR \ T \qquad (3)$$
$$T \rightarrow int \qquad (4)$$
$$T \rightarrow real \qquad (5)$$

在设计数组声明的语法制导翻译之前，首先设计一个简化了的存放内情向量的数据结构：

```
type arr_rec_ptr is access arr_rec;        --用来访问 arr_rec 的访问类型
type arr_rec is record                      --存放内情向量的数据结构
    n: integer;                             --存放维数
    c: integer;                             --存放 c
    offset: integer;                        --存放数组首地址
    types: e_type;                          --存放元素类型，如 integer、real 等
    dims: array[1..maxn] of integer;        --存放每维成员个数 d_i
end record;
arr: arr_rec_ptr;                           --声明一个指向内情向量的指针
```

并引入下述新的属性与函数：

全局变量 offset：记录数组的首地址，当数组声明之后，它应该指向下一个可用空间。

属性.arr：记录指向内情向量的指针。

属性.size：计算数组元素的个数。

属性.entry：记录数组条目在符号表中的入口地址（位置）。

过程 fill(entry, arr, ptr)：将数组 arr 和指向内情向量的指针 ptr 填写进 entry 所指的

符号表条目中。

过程 add_width(entry, size)：将数组占据的空间 size 填写进 entry 所指的符号表条目中。

填写内情向量语法制导翻译如下：

(1) AR→id：array[num] of

  {

    AR. arr ：＝new(arr_rec)；   --为数组开辟一块内情向量

    AR. entry ：＝entry(id. name)；   --记录数组变量符号表入口

    fill(AR. entry，arr，AR，arr)；   --填写符号表

    AR. dim ：＝1；   --当前是第一维

    AR. place ：＝1；   --c 的初值 c_1＝1

    AR. size ：＝num. val；   --记录 d_1 的值

    AR. arr. offset ：＝offset；   --填写数组首地址

    AR. arr. dim[AR. dim] ：＝ AR. size； --填写 d_1 的值

  }

(2) AR→AR_1 array[num] of

  {

    AR. arr ：＝AR_1. arr；   --接续内情向量指针

    AR. entry ：＝AR_1. entry；   --接续符号表入口

    AR. dim ：＝AR_1. dim＋1；   --维数加 1

    AR. arr. dim[AR. dim] ：＝num. val； --填写 d_j 的值

    AR. size ：＝AR_1. size * num. val； --前 j 个 d_j 值的乘积

    AR. place ：＝AR_1. place * AR. arr. dim[AR. dim]；

    AR. place ：＝AR. place＋1；   --计算 c_j＝c_{j-1} * d_j＋1

  }

(3) D→ART

  {

    AR. arr. n ：＝AR. dim；   --填写 n

    AR. arr. types ：＝T. type；   --填写数组元素的类型

    AR. arr. c ：＝AR. place * T. width； --填写 c

    add_witch(AR. entry, AR. size * T. width)；--填写数组占据的总空间

    offset ：＝offset＋ AR. size * T. width； --数组之后的 offset 值

  }

(4) T→int {T. type ：＝int；T. width ：＝4；}

(5) T→real {T. type ：＝real；T. width ：＝8；}

第一个产生式开始分析一个数组，设置初值并且向符号表和内情向量中填写已经得到的信息；第二个产生式递归计算并填写各维的 d_i；最后一个产生式结束对数组声明的分析，将最终得到的信息填写进内情向量。此处记录的分量也是采用点"."加分量名的形式，与属性的表示方法完全相同。一般情况下，通过分析上下文可以确定究竟是属性还是记录分量。同一符号在不同的上下文中表示不同含义的形式，在程序设计语言中也是经常出现

的，称之为符号的重载。在上述的语法制导翻译中，函数 entry(id. name)也是重载的，但是我们可以根据上下文确定它应该返回的是标识符的符号表入口还是对应的存储空间。

例 4.12　数组声明 x：array[3] of array[5] of array[8] of int 的语法树如图 4.9(a)所示，设 offset 初值为 0，则归约时使用的产生式和语义处理结果如表 4.13 所示，而所填写的符号表和内情向量内容如图 4.9(b)所示。

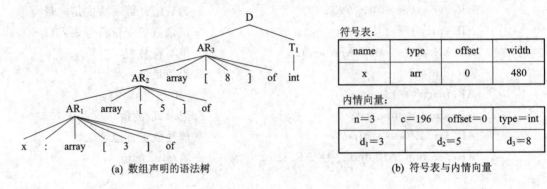

(a) 数组声明的语法树　　　　　　　　(b) 符号表与内情向量

图 4.9　数组声明的分析与处理

表 4.13　例 4.12 的产生式和语义处理结果

步骤	产生式	语义处理结果
(1)	$AR_1 \rightarrow id$：array[num] of	产生内情向量指针 AR_1. arr 得到符号表入口 AR_1. entry：=x 填写符号表(x，arr，AR_1. arr) AR_1. dim：=1，AR_1. place：=1 AR_1. size：=3，AR_1. arr. offset：=0 AR_1. arr. dim[1]：=3
(2)	$AR_2 \rightarrow AR_1$ array[num] of	AR_2. arr：=AR_1. arr，AR_2. entry：=AR_1. entry AR_2. dim：=2，AR_2. arr. dim[2]：=5 AR_2. size：=15，AR_2. place：=6
(3)	$AR_3 \rightarrow AR_2$ array[num] of	AR_3. arr：=AR_2. arr，AR_3. entry：=AR_2. entry AR_3. dim：=3，AR_3. arr. dim[3]：=8 AR_3. size：=120，AR_3. place：=49
(4)	$T_1 \rightarrow$ int	T. type：=int，T. width：=4
(5)	$D \rightarrow AR_3\ T_1$	AR_3. arr. n：=3，AR_3. arr. type：=int AR_3. arr. c：=196，offset：=480 AR_3. entry. width：=480

2) 动态数组

动态数组是指这样的数组，如果程序设计语言允许声明动态数组，则数组声明 A：array[d_1] of array[d_2] of … array[d_n] of int 中的 d_i 可以是变量，这些变量的值在程序运行时才能够得到。由于编译时不能确定数组的大小，因而无法在编译时为数组分配存储空间。也由于不知道各 d_i 具体的值，因而无法在编译时为数组元素的引用正确计算地址。

但是，数组存储空间大小的确定和数组元素地址的计算所需的数据均可以从内情向量中获取，所以，解决动态数组问题的关键是：能否将内情向量中内容的填写从编译时推迟到程序运行时，使得在真正需要时它们是确定的。

分析数组声明语句 A：array[d_1] of array[d_2] of ⋯ array[d_n] of int 的语法可以看出，虽然数组各维数大小不能确定，但是维数却可以确定。也就是说，内情向量的结构和大小在编译时是已知的，因此上述设想是可行的。动态数组的翻译可以按如下方法进行：

（1）在编译时给数组分配一块内情向量区，即将原来存放在编译时的符号表中的内情向量移到运行时的存储空间中，把原来编译时为数组分配的存储空间分配给数组的内情向量。

（2）编译时在生成的程序可执行代码前面加入一段代码，该代码根据运行时确定的 d_i 值填写内情向量，然后根据内情向量为数组分配一块存储区，并且正确填写内情向量的各项内容。在可执行代码序列中，对数组元素的引用与静态数组的引用方式是一样的，唯一的不同就是对 d_i 的引用从一个固定值变为一个从内情向量中提取的相应变量。这种解决方案是有限制的，即运行时数组声明之前各 d_i 的值均已确定。

4.3.2　过程的定义、声明和过程调用的处理

过程是程序设计语言中最常用的一种结构。我们这里要讨论的也包括函数，实际上函数可以看做是返回结果值的过程。左值和右值分别表示出现在赋值号的左边或是右边，它实际上是指该值是不是对应一个存储空间。通俗地讲，左值一般是地址，右值是值。

在程序设计语言中，过程允许以三种形式出现：过程定义、过程声明和过程调用。过程定义是对过程的完整描述，包括规格说明和过程体。过程声明的目的是为使用者提供使用过程信息，它仅涉及规格说明。

下面着重讲解过程调用的处理。

过程调用的实质是把程序控制转移到子程序，在转移之前必须用某种方法把实在参数的信息传递给调用的子程序，并且告诉子程序在它工作完毕后返回到什么地方。现在计算机的转移指令大多在实现转移的同时就把返回地址（转移指令之后的那个单元地址）放在某个寄存器或内存单元之中。因此，在返回方面并没有什么需要特殊考虑的问题。关于传递实在参数信息方面有各种不同的处理方法，常见的有传地址、传值、传名等。

传地址是指把实在参数的地址传递给相应的形式参数。在过程段中为每个形式参数分配一个相应的单元，称为形式单元，其作用是存放相对应的实在参数的地址。当一个过程被调用时，调用段必须预先把实在参数的地址存放在被调用段可以取得到的地方。如果实在参数是一个变量，则直接传递其地址；如果实在参数是常量或其他表达式，则先计算其值，并存放在某一临时单元中，然后传送这个临时单元的地址。当调用结束，程序控制转入到被调用段时，被调用段首先把实在参数的地址写入自己相应的形式单元中，过程体对形式参数的任何引用或赋值都被处理成对形式单元的间接访问。当被调用段工作完毕返回时，形式单元所指的实在参数单元就持有了所期望的值。

传值是一种最简单的参数传递方法。调用段把实在参数的值计算出来并存放在一个被调用段可以取得到的地方。被调用段开始工作时，首先把这些值放入自己的形式单元中，

然后就好像使用局部名一样使用这些形式单元。如果实在参数不为指针，则此时被调用段无法改变实在参数的值。

传名是一种特殊的形—实参数结合方式。其实现办法是：在进入被调用段之前不对实在参数预先进行计算，而是让过程体中每当使用到相应的形式参数时才逐次对其进行计算，因而在实现时通常都把实在参数处理成一个子程序，当过程体中使用到相应的形式参数时就调用这个子程序。

这里仅讨论最简单的一种，即传递实在参数地址(传地址)的处理方式。

如果实在参数是一个变量或数组元素，则直接传递其地址。如果实在参数是其他表达式(如 A+B 或 2)，则先把它的值计算出来并存放在某个临时单元 T 中，然后传送 T 的地址。

传递实在参数地址的一个简单办法是把实在参数的地址逐一放在转子指令的前面。例如，过程调用

$$call\ S(A+B,\ Z)$$

将被翻译成

计算 A+B 置于 T 中的代码	/＊T：=A+B＊/
par T	/＊第一个实在参数的地址＊/
par Z	/＊第二个实在参数的地址＊/
call S	/＊转子指令＊/

在通过执行转子指令 call 而进入子程序 S 之后，S 就可根据返回地址(假定为 k，它是 call S 后面的那条指令地址)寻找到存放实在参数地址的单元(分别为 k−3 和 k−2)。

根据上述关于过程调用的目标结构，下面来讨论如何产生反映这种结构的代码。

一种过程调用文法如下：

(1) S → call id(Elist)

(2) Elist → Elist，E

(3) Elist → E

为了在处理实在参数串的过程中记住每个实在参数的地址，以便最后把它们排列在转子指令 call 之前，我们需要把这些地址保存起来。用来存放这些地址的有效办法是使用队列这种数据结构，以便按序记录每个实在参数的地址。我们赋予产生式 Elist→Elist，E 的语义动作是将表达式 E 的存放地址 E. place 放入队列 queue 中；而产生式 S→call id(Elist) 的语义动作是对队列 queue 中的每一项 p 生成一条 param 语句，并让这些语句接在对参数表达式求值的那些语句之后。注意，对参数表达式求值的语句已经在把它们归约为 E 时生成。下面的翻译模式体现了上述思想。

(1) S→call id(Elist)	{for 队列 queue 中的每一项 p do
	emit('param' p);
	emit('call' id. place);}
(2) Elist→Elist，E	{将 E. palce 加入到 queue 的队尾}
(3) Elist→E	{初始化 queue 仅包含 E. palce}

注意：(1) 中 S 的代码首先包括 Elist 的代码(即对各参数表达式求值的代码)，其次包括顺序为每一个参数产生的一条 param 语句，最后还包括一个 call 语句；(3)中初始化 queue 为一个空队列，然后将 E. place 送入 queue。

4.3.3　记录中的域名

记录把若干个相同类型或者不同类型的变量(还可以是记录)封装在一起,形成一个新的数据类型,所以,记录的域名也是嵌套的。对域名的处理与过程中的嵌套定义很相近。例如,扩充文法 G4.1 中关于 D 的定义,使其包括记录类型:

D→record D end

其得到的文法和语法制导翻译如下:

D→record L D end　　　　　{T. type $:=$record(top(tblptr));

　　　　　　　　　　　　　　T. width $:=$top(offset); pop;}

L→ε　　　　　　　　　　　{t $:=$mktable(null); push(t, 0);}

其中,每出现一个 record,则进入记录的一层嵌套,与过程定义的处理相似。

☞　4.4　执行性语句的翻译

4.4.1　赋值语句的翻译

程序设计语言中最基本也是最重要的语句是赋值语句,它将赋值号右边的表达式赋给左边的变量,即以赋值号为界,将右值赋给左值。赋值语句中表达式的类型可以是整型、实型、数组和记录。

1. 简单算术表达式及赋值语句

简单算术表达式和赋值语句是指表达式赋值语句的变量是不可再分割的简单变量,如整型数或字符等,而不是组合变量或组合变量的元素,如数组或记录或它们的分量。

本节的讨论基于下述简化了的文法:

$$A→id := E$$
$$E→E_1 + E_2 | E_1 * E_2 | -E_1 | (E_1) | id$$

将简单赋值语句翻译成三地址码的语法制导翻译如下:

(1) A→id $:=$E　　　　　{emit(entry(id. name)$'$ $:=$ $'$E. place);}

(2) E→E$_1$＋E$_2$　　　　　{E. place $:=$newtemp;

　　　　　　　　　　　　emit(E. place$'$ $:=$ $'$E$_1$. place$'$＋$'$E$_2$. place);}

(3) E→E$_1$ * E$_2$　　　　　{E. place $:=$newtemp;

　　　　　　　　　　　　emit(E. place$'$ $:=$ $'$E$_1$. place$'$ * $'$E$_2$. place);}

(4) E→－E$_1$　　　　　　{E. place $:=$newtemp;

　　　　　　　　　　　　emit(E. place$'$ $:=$ $'$ $'$－$'$E$_1$. place);}

(5) E→(E$_1$)　　　　　　{E. place $:=$E$_1$. place;}

(6) E→id　　　　　　　{E. place $:=$entry(id. name);}

其中,首先引入属性与过程。属性. place 用于存放 E 的变量名地址,它可以是符号表中的地址或者临时变量;过程 emit(result$'$ $:=$ $'$arg$_1$ $'$op$'$arg$_2$)产生一条 result $:=$ arg$_1$ op arg$_2$ 的

三地址码指令。

2. 数组元素的引用

数组是由多个类型相同的元素组成的。无论一个数组是几维的，它最终都会被映射成一个线性序列，对应到内存中一段连续的空间。可以确定的是这段连续空间的首地址和它的大小，而某个数组元素在这段空间中的具体位置却需要在程序运行时经过一定的计算来确定。例如，一个三行三列的二维数组 a[3][3]，它的元素分别为

$$a[0][0] \quad a[0][1] \quad a[0][2]$$
$$a[1][0] \quad a[1][1] \quad a[1][2]$$
$$a[2][0] \quad a[2][1] \quad a[2][2]$$

它有两种不同的映射映方式，以行为主存储时，得到的线性序列为

$$a[0][0] \quad a[0][1] \quad a[0][2] \quad a[1][0] \quad a[1][1] \quad a[1][2] \quad a[2][0] \quad a[2][1] \quad a[2][2]$$

以列为主存储时，得到的线性序列为

$$a[0][0] \quad a[1][0] \quad a[2][0] \quad a[0][1] \quad a[1][1] \quad a[2][1] \quad a[0][2] \quad a[1][2] \quad a[2][2]$$

若线性序列中第 1 个元素对应到存储空间的地址被称为首地址，则对于数组中元素的引用，如 a[1][2]，在以行为主存储的方式中，应该是从首地址开始的第 6 个元素，而在以列为主存储的方式中，则是从首地址开始的第 8 个元素。

由此可以看出，对于一个数组元素的引用，至少需要两个因素来确定它的具体位置：数组的首地址和相对于首地址的偏移量。如果映射方式不同，则同一个元素相对首地址的偏移量不同。下面首先根据某种确定的映射方式给出计算数组中元素位置的一般公式，然后给出按此公式生成数组元素引用的三地址码的语法制导翻译。

1）数组元素的地址计算

若数组 A 的元素存放在一段连续空间里，则可以较容易地访问数组的每个元素。假设数组 A 的每个元素宽度为 w，则 A[i] 这个元素的起始地址 D 为

$$D = base + (i - low) \times w \tag{4.2}$$

其中：low 为数组下标的下界；base 为分配给数组的相对地址，即 base 为 A 的第一个元素 A[low] 的相对地址。

将式(4.2)整理为

$$D = i \times w + (base - low \times w)$$

则其中子表达式 $C = base - low \times w$ 可以在处理数组说明时计算出来。我们假定 C 值存放在符号表中数组 A 的对应项中，则 A[i] 的相对地址可由 $i \times w + C$ 计算出来。

对于多维数组也可以做类似处理。一个二维数组可以按行或按列存放。如对于 2×3 的数组 A，图 4.10 给出了其存放方式。

若二维数组 A 按行存放，则可用如下公式计算 $A[i_1, i_2]$ 的相对地址，即

$$D = base + ((i_1 - low_1) \times n_2 + i_2 - low_2) \times w$$

其中：low_1、low_2 分别为 i_1、i_2 的下界；n_2 是 i_2 可取值的个数。假定 i_1、i_2 是编译时唯一尚未知道的值，我们可以重写上述表达式为

$$D = ((i_1 \times n_2) + i_2) \times w + (base - ((low_1 \times n_2) + low_2) \times w)$$

后一项子表达式 $(base - ((low_1 \times n_2) + low_2) \times w)$ 的值是可以在编译时确定的。

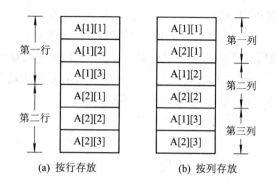

图 4.10　二维数组的存放方式

　　按行或按列存放方式可推广到多维数组。若多维数组 A 按行存放，则越往右边的下标变化越快，像自动记程仪显示数据一样。

　　我们可将二维数组地址的计算公式推广为

$$D = ((\cdots i_1 \times n_2 + i_2) \times n_3 + i_3) \cdots) \times n_k + i_k) \times w + base$$
$$- ((\cdots((low_1 \times n_2 + low_2) \times n_3 + low_3) \cdots) \times n_k + low_k) \times w \qquad (4.3)$$

　　假定对任何 j，$n_j = high_j - low_j + 1$ 是确定的，则式(4.3)中的第二子项

$$C = base - ((\cdots((low_1 \times n_2 + low_2) \times n_3 + low_3) \cdots) \times n_k + low_k) \times w$$

可以在编译时计算出来并存放到符号表中数组 A 对应的项里。至于按列存放方式，则最左边下标变化最快。

　　某些语言允许数组的长度在运行时刻的一个过程调用时动态确定。计算这些数组元素地址的公式与在固定长度数组情况下是相似的，只是上、下界在编译时是未知的。

2) 数组元素引用的语法制导翻译

　　数组元素的地址由不变部分和可变部分共同确定，用 CONSPART 表示不变部分，用 VARPART 表示可变部分，则

$$CONSPART = base - ((\cdots((low_1 \times n_2 + low_2) \times n_3 + low_3) \cdots) \times n_k + low_k) \times w$$
$$VARPART = ((\cdots i_1 \times n_2 + i_2) \times n_3 + i_3) \cdots) \times n_k + i_k) \times w$$

数组元素的地址用变址的方式表示为

$$CONSPART[VARPART] \quad 或者 \quad T_1[T]$$

将不变部分作为基址，而可变部分作为变址，于是取数组元素的值和向量元素赋值的三地址码可以分别表示如下：

　　取值：$X := T1[T]$

　　赋值：$T_1[T] := X$

　　下述文法允许变量是数组元素：

$$A \to V := E$$
$$V \to id[EL] \mid id$$
$$EL \to EL, E \mid E \qquad (G4.2)$$
$$E \to E + E \mid (E) \mid V$$

文法中引入了一个新的非终结符 V，它既可以是简单变量，也可以是数组元素变量，而数组可以是多维的。对于数组元素引用的语法制导翻译，关键是根据从左到右的分析步骤，

逐步计算出数组下标的可变部分。

考察文法 G4.2，它并不适合递推公式的同步计算，因为在自下而上的分析过程中，只有 EL 归约完成。而我们希望的是，一遇到数组名时马上就知道这是一个数组变量，并且马上可以知道多维递推公式中的基础项 $i \times w$，而在其后的分析中逐步得到各 VARPART$_j$，简称 V_j。为此，可以将文法 G4.2 改写为下述形式：

$$
\begin{array}{lll}
A \rightarrow V := E & (1) & \\
V \rightarrow id & (2) & \\
\quad | \ EL] & (3) & \\
EL \rightarrow id[E & (4) & \text{(G4.3)} \\
\quad | \ EL, E & (5) & \\
E \rightarrow E + E & (6) & \\
\quad | \ (E) & (7) & \\
\quad | \ V & (8) &
\end{array}
$$

由产生式 EL→id [E 首先可以得到数组名和第一维下标，然后由产生式 EL→EL, E 对各维下标进行分析，最终由产生式 V→EL]完成数组元素的分析，此时恰好得到了数组元素的最后一维下标。这个过程与多维递推公式中的 V_j 项的计算完全一致。

为计算数组元素的地址，需要引入下述属性和函数。

(1) 属性.array：记录数组名在符号表中的入口，为简单起见，也表示数组的首地址 a。

(2) 属性.dim：数组维数计算器，用于记录当前分析到了数组的第几维。

(3) 属性.place：对下标列表 EL，.place 用于存放 V_j 计算过程中的临时变量（V_1，V_2，V_3，…，V_n）；对于简单变量 id，它仍然表示简单变量的地址；而对于数组元素 id[EL]，它用于存放不变部分，一般可以是一个临时变量。

(4) 属性.offset：用于保存数组元素的可变部分，对于简单变量，它为空，可记为 null。

(5) 函数 limit(array, k)：计算并返回数组 array 中第 k 维成员个数 d_k。

加入数组元素之后的赋值语句的语法制导翻译如下：

(1) A→V:=E　　　{if V. offset :=null

　　　　　　　　then emit(V. place$'$:=$'$E. place);

　　　　　　　　else emit(V. place$'$[$'$V. offfset$'$]$''$:=$'$E. place);

　　　　　　　　end if;}

(2) V→id　　　　{V. place :=entry(id. name); V. offset :=null;}

(3) V→| EL]　　　{V. place :=newtemp; emit(V. place$'$:=$'$EL. array$'$−$'$C);

　　　　　　　　V. offset :=newtemp; emit(V. offset$'$:=$'$EL. place$'$ * $'$w;}

(4) EL→id[E　　　{EL. place :=E. place; EL. dim :=1; EL. array(id. name);}

(5) EL→E$_1$, E　　{T :=newtemp; k :=EL. dim+1;

　　　　　　　　d_k :=limit(EL$_1$. array, k);

　　　　　　　　emit(T$'$:=$'$EL$_1$. place$'$+$'$$d_k$);

　　　　　　　　emit(T$'$:=$'$E. place$'$+$'$T);

$$EL. array := EL_1. array;$$
$$EL. place := T;$$
$$EL. dim := k;\}$$

(6) $E \rightarrow E_1 + E_2$　　　$\{T := newtemp;$
　　　　　　　　　　$emit(T' := 'EL. place' + 'E_2. place');$
　　　　　　　　　　$E. place := T;\}$

(7) $E \rightarrow (E_1)$　　　　$\{E. place := E_1. place;\}$

(8) $E \rightarrow V$　　　　　$\{if V. offset := null;$
　　　　　　　　　　$then E. place := V. place;$
　　　　　　　　　　$else T := newtemp;$
　　　　　　　　　　$emit(T' := 'V. place'['V. offset']');$
　　　　　　　　　　$E. place := T;$
　　　　　　　　　　$end if;\}$

其关键是如何在分析产生式(4)、(5)、(3)时正确进行数组元素地址中可变部分的计算。

例 4.13 设数组声明为 arr：array[10，20] of int，数组元素的宽度 w＝4，则表达式 arr[i＋x，j＋y]：＝m＋n 的带部分注释的语法树如图 4.11 所示，分析的重要步骤及所产生的三地址码如表 4.14 所示，其中 $c = (c_1 * d_2 + 1) * w = (1 * 20 + 1) * 4 = 84$。

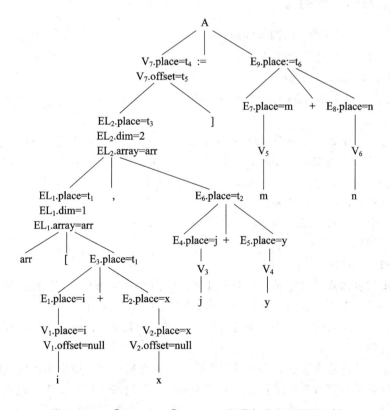

图 4.11　arr[i＋x，j＋y]：＝m＋n 的带部分注释的语法树

表 4.14　例 4.13 的三地址码

步骤	产生式	属性计算结果	中间代码
(1)	$V_1 \rightarrow i$	$V_1.place=i$, $V.offset=null$	
(2)	$E_1 \rightarrow V_1$	$E_1.place=V_1.place=i$	
(3)	$E_2 \rightarrow V_2$	$E_2.place=V_2.place=x$	
(4)	$E_3 \rightarrow E_1+E_2$	$E_3.place=t_1$	$t1:=i+x$
(5)	$EL_1 \rightarrow arr[E_3$	$EL_1.place=t_1$, $EL_1.dim=1$ $EL_1.array=arr$	
(6)	$E_6 \rightarrow E_4+E_5$	$E_6.place=t_2$	$t_2:=j+k$
(7)	$EL_2 \rightarrow EL_1,E_6$	$EL_2.array=arr$, $EL_2.dim=2$	$t_3:=t_1*20$
		$EL_2.place=t_3$, $d_2=20$	$t_3:=t_2+t_3$
(8)	$V_7 \rightarrow EL_2]$	$V_7.place=t_4$, $V_7.offset=t_5$	$t_4:=arr-84$ $t_5:=t_3*t_4$
(9)	$E_9 \rightarrow E_7+E_8$	$E_9.place=t_6$	$t_6:=m+n$
(10)	$A \rightarrow V_7:=E_9$		$t_4[t_5]:=t_6$

4.4.2　布尔表达式的翻译

1. 布尔表达式的作用、结构与计算

布尔表达式在程序设计语言中被广泛使用在两个方面：

(1) 逻辑运算，如 x＝a or b。

(2) 控制语句转移的控制条件中，如 if-then、if-then-else 和 while−do 等之中的条件表达式。

布尔表达式是用布尔运算符号(and、or、not)作用到布尔变量或关系表达式上而组成的。关系表达式的形式如 E_1 relop E_2，其中 E_1 和 E_2 为算术表达式，relop 为关系运算符($<$，$<=$，$>$，$>=$，$=$，$!=$)，op 为算术运算符($+$，$-$，$\times$，$/$)。

我们用下列文法产生布尔表达式：

BE→BE or BE|BE and BE|not BE|(BE)|RE|true|false

RE→RE relop RE|(RE)|E

E→E op E|−E|(E)|id

本节对布尔表达式的讨论是基于对上述文法的简化文法而言的，简化文法如下：

E→E or E|E and E|not E|(E)|id relop id|id|true|false　　　　　　(G4.4)

其中布尔运算 or、and、not 的优先级规定为从低到高，且 or 和 and 具有左结合性质，not 具有右结合性质。

布尔表达式的计算方法通常有两种：数值表示的直接计算与逻辑表示的短路计算。

直接计算方法与算术表达式计算方法基本相同，它的特点是一步不差地直接从表达式各部分的值计算出整个表达式的值。例如，按照通常的习惯，用数值 1 代表 true，用 0 代表 false，那么布尔表达式 1 or(not 0 and 0)or 0 的计算过程如下：

$$1 \text{ or } (\text{not } 0 \text{ and } 0) \text{ or } 0 = 1 \text{ or } (1 \text{ and } 0) \text{ or } 0$$
$$= 1 \text{ or } 0 \text{ or } 0$$
$$= 1 \text{ or } 0$$
$$= 1$$

由于布尔表达式仅有真或假两个取值，因而在许多情况下，布尔表达式计算到某一部分就可以得到结果，而无需对其进行完全计算。例如，假定要计算 A or B，如果计算出 A 的值为 1，那么，B 的值就无需再计算了，因为无论 B 的结果是什么，A or B 的值都是 1。同理，在计算 A and B 时，若发现 A 为 0，则 B 的值也就无需再计算了。

短路计算以 if-then-else 的方式来解释 or、and 和 not，即

A or B：if A then true else B

A and B：if A then B else false　　　　　　　　　　　　　　(4.4)

not A：if A then false else true

上述这两种计算方法对于不包含布尔函数调用的式子是等价的。但是，假若一个布尔式中含有布尔函数的调用，并且这种函数调用引起副作用（指对全局量的赋值）时，上述两种计算方法未必是等价的。有些程序语言规定，函数过程调用应不影响这个调用所处环境的计值。或者说，函数过程的工作不许产生副作用。在这种规定下，我们可以任选上述两种计算方法中的一种。

2. 直接计算的语法制导翻译

首先，我们引入一个新的变量 nextstat，它总是指向第一个可用的三地址码序号，每调用一次 emit 操作，nextstat 值增 1，于是文法 G4.4 的语法制导翻译如下：

(1) $E \rightarrow E_1 \text{ or } E_2$　　{E. place := newtemp;
　　　　　　　　　　emit(E. place $'$:= $'E_1$. place $'$or$'$ E_2. place);}

(2) 　　| $E_1 \text{ and } E_2$　{E. place := newtemp;
　　　　　　　　　　emit(E. place $'$:= $'E_1$. place $'$and$'$ E_2. place);}

(3) 　　| not E_1　　　{E. place := newtemp; emit(E. place $'$:= $'$ $'$not$'E_1$. place);}

(4) 　　| (E_1)　　　　{E. place := E_1. place;}

(5) 　　| id_1 relop id_2　{E. place := newtemp;
　　　　　　　　　　emit($'$if$'$ id_1. place relop. op id_2. place $'$goto$'$ nextstat＋3);
　　　　　　　　　　emit(E. place $'$:= $'$ $'$0$'$);
　　　　　　　　　　emit($'$goto$'$nextstat＋2);
　　　　　　　　　　emit(E. place $'$:= $'$ $'$1$'$);}

(6) 　　| id　　　　　{E. place := entry(id. name);}

(7) 　　| true　　　　{E. place := newtemp; emit(E. place $'$:= $'$ $'$1$'$);}

(8) 　　| false　　　　{E. place := newtemp; emit(E. place $'$:= $'$ $'$0$'$);}

例 4.14　考虑布尔表达式 a＜b or c＜d and e＜f，直接计算的注释语法树如图 4.12(a) 所示。设 nextstat 的初值为 1，语法制导翻译的主要过程和所生成的三地址码如表 4.15所示。

表 4.15 例 4.14 的产生式和三地址码

步骤	产生式	三地址码
(1)	$E_1 \rightarrow a < b$	(1) if a<b goto(4) (2) $t_1 := 0$ (3) goto (5) (4) $t_1 := 1$
(2)	$E_2 \rightarrow c < d$	(5) if c<d goto (8) (6) $t_2 := 0$ (7) goto (9) (8) $t_2 := 1$
(3)	$E_3 \rightarrow e < f$	(9) if e<f goto (12) (10) $t_3 := 0$ (11) goto (13) (12) $t_3 := 1$
(4)	$E_4 \rightarrow E_2$ and E_3	(13) $t_4 := t_2$ and t_3
(5)	$E_5 \rightarrow E_1$ or E_4	(14) $t_5 := t_1$ or t_4

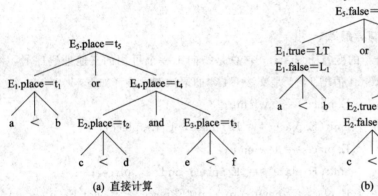

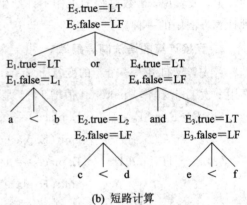

(a) 直接计算   (b) 短路计算

图 4.12 布尔表达式的注释语法树

3. 短路计算的语法制导翻译

当布尔表达式用于控制条件时，并不需要计算表达式的值，而是一旦确定了表达式为真或者为假，就将控制转向相应的代码序列。我们为布尔表达式 E 引入两个新的属性和一个产生标号的函数。

属性.true：表达式的真出口，它指向表达式为真时的转向。

属性.false：表达式的假出口，它指向表达式为假时的转向。

函数 newlabel：与 newtemp 相似，但它产生的是一个标号而不是一个临时变量。

考虑布尔表达式 $E \rightarrow E_1$ or E_2，它应该有下述代码序列：

E_1. code

E_1. false：E_2. code

即首先生成计算表达式 E_1 的中间代码，然后在计算表达式 E_2 的中间代码之前设置一个标

号 E_1. false，即当表达式 E_1 为假时，转而计算表达式 E_2。根据布尔表达式短路计算的逻辑 (4.4)，表达式真、假出口之间存在着下述关系：

$$E_1. \text{true} = E_2. \text{true} = E. \text{true} \text{ 和 } E_2. \text{false} = E. \text{false}$$

暂不考虑 .true 和 .false 的具体实现问题，为文法 G4.4 设计的语法制导定义如下（其中，.code 是综合属性，而 .true 和 .false 是继承属性）：

(1) $E \rightarrow E_1$ or E_2 {E_1. true := E. true; E_1. false := newlabel;
$\qquad\qquad\qquad\qquad$ E_2. true := E. true; E_2. false := E. false;
$\qquad\qquad\qquad\qquad$ E. code := E_1. code || emit(E_1. false : ') || E_2. code;}

(2) $\qquad$ | E_1 and E_2 {E_1. false := E. false; E_1. true := newlabel;
$\qquad\qquad\qquad\qquad$ E_2. false := E. false; E_2. true := E. true;
$\qquad\qquad\qquad\qquad$ E. code := E_1. code || emit(E_1. true' : ') || E_2. code;}

(3) $\qquad$ | not E_1 {E_1. false := E. true; E_1. true := E. false;}

(4) $\qquad$ | (E_1) {E_1. false := E. false; E_1. true := E. ture;}

(5) $\qquad$ | id_1 relop id_2 {E. code := emit('if' id_1. place relop. op id_2. place 'goto' E. true)
$\qquad\qquad\qquad\qquad$ || emit('goto' E. false);}

(6) $\qquad$ | id {E. code := emit('if' id. place 'goto' E. true)
$\qquad\qquad\qquad\qquad$ || emit('goto' E. false);}

(7) $\qquad$ | true {E. code := emit('goto' E. true);}

(8) $\qquad$ | false {E. code := emit('goto' E. false);}

例 4.15 再考虑布尔表达式 a < b or c < d and e < f，短路计算的注释语法树如图 4.12(b)所示。设整个表达式(E_5)的真、假出口分别为 LT 和 LF，newlabel 生成的标号可以是 L_1，L_2，…，则最终生成的三地址码序列如下（其中，.code 可以通过对语法树的自下而上遍历得到，而 .true 和 .false 属性则需通过对语法树的自上而下遍历得到）：

$\qquad\qquad$ if a < b goto LT
$\qquad\qquad$ goto L_1
$\qquad$ L_1 : if c < d goto L_2
$\qquad\qquad$ goto LF
$\qquad$ L_2 : if e < f goto LT
$\qquad\qquad$ goto LF

4. 拉链和回填

对布尔表达式进行翻译的语义规则的最容易的方式是经过两遍扫描。首先，为给定的数组串构造一棵语法树；然后，对语法树进行深度优先遍历，并进行语义规则中规定的翻译。下面讨论如何通过一遍扫描来产生布尔表达式的代码。

通过一遍扫描来产生布尔表达式和控制语句的代码的主要问题在于：当生成某些转移语句时我们可能还不知道该语句将要转移到的标号究竟是多少。为了解决这个问题，我们可以在生成形式分支的跳转指令时暂时不确定三地址码的跳转目标，而是建立一个链表，将所有转向同一地址的三地址码拉成一个链，一旦目标确定之后再把它填入到有关的跳转指令中。这种技术就称为拉链与回填。为此，我们引入两个属性。

属性 .tc：真出口链，链接所有转向真出口的三地址码。

属性. fc：假出口链，链接所有转向假出口的三地址码。

通过引入下述过程来实现三地址码的拉链与回填操作。

函数 mkchain(i)：为序号为 i 的三地址码构造一个新链，且返回指向该链的指针。

过程 merge(P₁，P₂)：将两个链 P₁ 和 P₂ 合并，且 P₂ 成为合并后的链头，并返回链头指针。

过程 backpatch(P，i)：将 P 链相应域中的所有链域均回填为 i 值。

例 4.16 假设有两个序号分别为 i 和 j 的三地址码(i) goto — 和(j) goto —。操作 P₁ := mkchain(i)和 P₂ := mkchain(j)之后所生成的链如图 4.13(a)所示；操作 P₂ := merge(P₁，P₂)之后所生成的链如图 4.13(b)所示；操作 backpatch(P₂，k)之后的三地址码如图 4.13(c)所示。

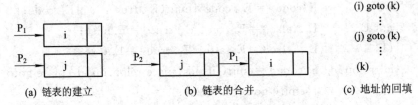

(a) 链表的建立   (b) 链表的合并   (c) 地址的回填

图 4.13 三地址码链上的操作

下述语法制导翻译仍然建立在自下而上语法分析的基础之上。为了实现拉链和回填，除了增加新的属性和过程之外，还需要修改文法。由于 LR 分析的语义规则只能加在产生式的最右边，所以当需要在产生式右部的中间位置加入语义规则时，仍然通过在需要语义规则的位置引入一个非终结符的方法来实现。根据这一原则，将文法 G4.4 改为下述文法：

$$E \rightarrow E \text{ or } M E | E \text{ and } M E | \text{not } E | (E) | \text{id relop id} | \text{id} | \text{true} | \text{false} \qquad (G4.5)$$
$$M \rightarrow \varepsilon$$

同时，为 M 引入一个新的属性. stat，它记录当前第一个可用三地址码的序号。于是短路计算的语义规则可设计如下：

(1) M→ε   {M. stat := nextstat;}

(2) E→E₁ or M E₂   {backpatch(E₁. fc, M. stat); E. tc := merge(E₁. tc, E₂. tc);
                      E. fc := E₂. fc;}

(3) |E₁ and M E₂ {backpatch(E₁. tc, M. stat); E. fc := merge(E₁. fc, E₂. fc);
                      E. tc := E₂. tc;}

(4) |not E₁   {E. tc := E₁. fc; E. fc := E₁. tc;}

(5) |(E₁)   {E. tc := E₁. tc; E. fc := E₁. fc;}

(6) |id₁ relop id₂ {E. tc := mkchain(nextstat); E. fc := mkchain(nextstat+1);
                 emit('if' id₁. place relop. op id₂. place 'goto—');
                 emit('goto—');}

(7) |id   {E. tc := mkchain(nextstat); E. fc := mkchain(nextstat+1);
                 emit('if' id. place 'goto—');
                 emit('goto—');}

(8) |true   {E. tc := mkchain(nextstat);
                 E. fc := mkchain(); emit('goto—');}

（9）　　　|false　　　　　{E.fc：=mkchain(nextstat)；

　　　　　　　　　　　　　　　E.tc：=mkchain()；emit('goto−')；}

例 4.17　再考虑布尔表达式 a<b or c<d and e<f。采用上述语法制导翻译，它的注
释语法树如图 4.14 所示。设 nextstat 的初值为 1，自下而上分析的归约过程和所生成的三
地址码如表 4.16 所示。由于语法树中 E_5 的真、假值链分别是(5,1)和(6,4)，所以在后继
的分析中，一旦 E_5 的真、假出口被确定，就可以沿这两个链正确回填。

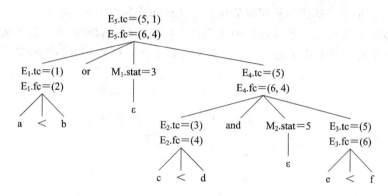

图 4.14　标记真、假值链的注释语法树

表 4.16　例 4.17 的产生式和三地址码

步骤	产生式	三地址码
（1）	$E_1 \rightarrow a<b$	(1) if a<b goto (2) goto (3)
（2）	$M_1 \rightarrow \varepsilon$	
（3）	$E_2 \rightarrow c<d$	(3) if c<d goto (5) (4) goto−
（4）	$M_2 \rightarrow \varepsilon$	
（5）	$E_3 \rightarrow e<f$	(5) if e<f goto− (6) goto −
（6）	$E_4 \rightarrow E_2$ and M_2 E_3	
（7）	$E_5 \rightarrow E_1$ or M_1 E_4	

4.4.3　控制语句的翻译

在程序设计语言的可执行语句中，除了顺序执行的语句之外，更多的是控制语句。控
制语句可以根据程序员的意图，有条件或无条件地改变程序执行的顺序。控制语句大致分
为四类：无条件转移语句、条件转移语句、循环语句、分支语句。不同程序设计语言表示这
四类语句的语法可能会有不同，但语义基本是一致的。

无条件转移就是将程序控制流无条件地转向某个地方，典型的是 goto 语句。goto 语
句的随意性破坏了程序的结构。大部分结构化的程序设计语言还提供结构化的无条件转移
语句，如 break、exit 等，它们不是转向某个特定的语句，而是退出某个局部范围，如某个
分支、某层循环或者某个过程等。

条件转移是根据条件执行程序的某个分支或者某个部分，典型的如 if-then-else 和 while-do 语句。在 if 语句中，若条件成立，则转向执行 then 语句，否则执行 else 部分的语句。在 while 语句中，若条件成立，则执行 do 部分的语句，否则结束。由于 while 语句是可以循环的，所以也被认为是循环语句。

循环语句是指可以根据设定的下限、上限和步长来确定循环执行若干次的语句，如 for-loop 语句。

分支语句是根据表达式的不同取值执行不同语句序列的语句，如 case、switch 语句。

循环语句和分支语句与条件语句的区别在于控制程序流程的条件是算术表达式还是布尔表达式，其他部分的翻译是相同的。本节仅讨论无条件转移和有条件转移，它们基于如下的文法：

$$
\begin{array}{ll}
S \rightarrow id:S & (1) \\
\quad | \text{ goto } id & (2) \\
\quad | \text{ if } E \text{ then } S & (3) \\
\quad | \text{ if } E \text{ then } S \text{ else } S & (4) \qquad (G4.6) \\
\quad | \text{ while } E \text{ do } S & (5) \\
\quad | A & (6) \\
\quad | \text{ begin } L \text{ end} & (7) \\
L \rightarrow L:S & (8) \\
\quad | S & (9)
\end{array}
$$

其中：产生式(1)和(2)构成无条件转移语句；产生式(3)和(5)是条件转移语句；产生式(6)是赋值语句；产生式 (7)～(9)将简单的语句扩展为语句序列。

1. 标号与无条件转移

虽然无条件转移语句的随意性破坏了程序的结构，在程序设计中使用它被认为是有害的，但是它随意转向的灵活性也是其他语句所无法替代的。因此，很多语句还都保留了标号和 goto 语句，将其作为最基本的程序设计语言成分。

无条件转移一般有两个要素：标号所标记的位置和 goto 所转向的标号。起标记位置作用的标号被称为标号的定义出现，如文法 4.6 产生式(1)中的 id；用于 goto 转向的标号被称为标号的引用出现，如产生式(2)中的 id。

在一定的作用域内，标号仅可以定义一次，但可以引用多次。当标号的定义出现时，可以将它的有关信息填写进符号表中；而当标号的引用出现时，就可以根据符号表中的信息生成正确转移的三地址码。但是，在有些情况下，标号的引用先于标号的定义。当引用发生时，符号表中还没有标号定义的信息，不知道应该转向何处。显然，借助符号表的拉链与回填方法可以很好地解决这一问题。

首先，在符号表中为标号设置如下信息域：

.type：记录标识符的类型，如′标号′或′未知′。

.def：若是标记，记录是否已定义，如′已定义′或′未定义′。

.addr：标号定义前作为链头，标号定义后作为此标号对应三地址码的序号。

同时引入一个过程 fill(entry(id.name), a, b, c)，分别将 a、b、c 填入到符号表中标识符 id 的.type、.def、.addr 域中。

通过上述准备，可以设计如下生成转移语句三地址码序列的翻译方案。

(1) S→goto id {if entry(id. name). type=′未知′ --标识符第一次出现

      then fill(entry(id. name),′标号′,′未定义′,nextstat);

      emit(′goto—′);

      else if entry(id. name). type=′标号′--已出现且是标号

      then emit(′goto′, entry(id). addr);

        if entry(id. name). def=′未定义′ --尚未定义

        then fill(entry(id. name),′标号′,′未定义′,nextstat−1);

        end if;

      else error;

      end if;}

(2) S→LAB S {--略(根据 S 是何种语句，进行相应的翻译)}

(3) LAB→id {if entry(id. name). type=′未知′

      then fill(entry(id. name),′标号′,′已定义′,nextstat);

      else if entry(id. name). type=′标号′

      and entry(id. name). def=′未定义′

      then q :=entry(id. name). addr;

        fill(entry(id. name),′标号′,′已定义′,nextstat);

      else error;

      end if;

      end if;}

2. 条件转移

文法 G4.6 中的条件转移语句有三种结构：if-then、if-then-else 和 while-do，具体语法形式如产生式(3)、(4)、(5)所示。它们分别应具有如表 4.17 所示的逻辑上的三地址码序列，其中的. begin 和. next 作为语句 S 的属性，分别表示 S 开始和 S 结束后的三地址码序列号。

表 4.17 条件转移语句的三地址码序列

结　构	三地址码
if-then	E. code E. true：S_1. code E. false：…
if-then-else	E. code E. true：S_1. code 　　　　goto S. next E. false：S_2. code S. next：…
while-do	S. begin：E. code E. true：S_1. code 　　　　goto S. begin E. false：…

对于 if-then 结构来讲，首先应该生成的是一段计算表达式 E 的三地址码，然后是一段当表达式为真时应该执行的三地址码，第一条三地址码序列由 E.true 标记，紧随此结构之后的第一条三地址码的序号被标记为 E.false。其他两个结构是类似的。于是可以得到下述语法制导定义。

(1) S→if E then S_1　　　{E.true：=newlabel；E.false：=S.next；

　　　　　　　　　　　　　S_1.next：=S.next；

　　　　　　　　　　　　　S.code：=E.code||emit(E.true'：')||S_1.code；}

(2) S→if E then S_1 else S_2{E.true：=newlabel；E.false：=newlabel；

　　　　　　　　　　　　　S_1.next：=S.next；S_2.next：=S.next；

　　　　　　　　　　　　　S.code：=E.code||emit(E.true'：')||S_1.code

　　　　　　　　　　　　　||emit('goto' S.next)||emit(E.false'：')||S_2.code；}

(3) while E do S_1　　　{S.begin：=newlabel；E.true：=newlabel；

　　　　　　　　　　　　　E.false：=S.next；S_1.next：=S.begin；

　　　　　　　　　　　　　S.code：=emit(S.begin'：')||E.code

　　　　　　　　　　　　　||emit(E.true'：')||S_1.code||emit('goto' S.begin)；}

条件语句的共同特点是根据布尔表达式取值分别执行不同的语句序列。其所带来的一个问题是：不同的语句序列结束后，如何使控制语句转向语句的结束。对于下述语句：

　　　　if E_1 then if E_2 then S_1 else S_2 else S_3

和

　　　　while E_3 do while E_4 do S_4

它们的流程控制分别如图 4.15(a)、(b)所示。

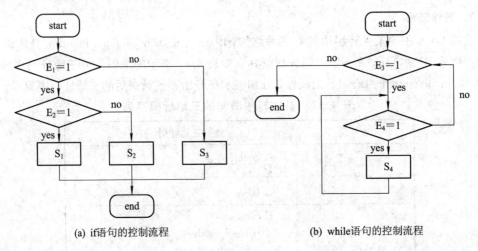

(a) if语句的控制流程　　　　　　　　　(b) while语句的控制流程

图 4.15　条件语句的控制流程

显然，图 4.15 中所有 yes 和 no 转向分别由布尔表达式的真出口和假出口来指示，而当若干个语句具有相同的出口时，就需要像设置真、假值链那样，设置一个链，将所有转向相同出口的三地址码链起来，并通过拉链与回填技术来处理它们。为此，需要引入两个新的属性。

属性.nc：记录语句结束后的转向，如果若干个语句结束后转向同一地方，则用此属性将它们链在一起，从而记录下完整语句结构中结束的所有出口。

属性. begin：某三地址码序号，如 while 语句三地址码序列的首地址。

仿照布尔表达式短路计算的语法制导翻译方法，可以得到如下条件转移的语法制导翻译。

(1) M→ε　　　　　　　　{M. stat := nextstat;}

(2) S→if E then M S_1　{backpatch(E. tc, M. stat); S. nc := merge(E. fc, S_1. nc);}

(3) N→ε　　　　　　　　{N. nc := mkchain(nextstat); emit('goto−');}

(4) S→if E then M_1 S_1 N else M_2 S_2

　　　　　　　　{backpatch(E. tc, M_1. stat); backpatch(E. fc, M_2. stat);

　　　　　　　　 S. nc := merge(S_1. nc, merge(N. nc, S_2. nc));}

(5) S→while M_1 E do M_2 S_1

　　　　　　　　{backpatch(S_1. nc, M_1. stat); backpatch(E. tc, M_2. stat);

　　　　　　　　 S. nc := E. fc; emit('goto' M_1. stat);}

(6) S→A　　　　　　　　{S. nc := mkchain();}

4.4.4　过程调用

过程调用是改变控制流的一种方式，但过程调用完成后仍需回到被调用处。过程调用需要做的工作主要包括：实现参数传递，保存返回地址，控制转移。

参数传递有不同的形式，这里仅讨论最简单的值传递形式。简单形式的过程调用的文法如下：

$$S → call \ id(AL) \qquad (1)$$
$$AL → AL, E \qquad (2)$$
$$AL → E \qquad (3)$$

对于过程调用语句 call sum(X+Y, Z)，应该生成如下形式的三地址码序列：

　　　　　　　…

　　　　　　　T := X + Y

　　　　　　(k − 3)param T

　　　　　　(k − 2) param Z

　　　　　　(k − 1) call 2, sum

　　　　　　(k)　…

首先设计一个参数 X+Y，结果放在临时变量 T 中，然后，将 T 和 Z 作为参数顺序排列，最后控制转向 sum 过程。从 sum 中返回时，应该返回到第 k 个三地址码。

需要一个属性. list 记录下分析过程中的各个参数，以便最后统一排列在 call 三地址码的前面。根据对参数排列的不同要求，. list 可以是一个队或一个栈。下面给出的是不考虑参数一致性检查的、简化了的过程调用的语法制导翻译。

(1) S→call id(AL)　{for AL. queue 中的每一项 p loop emit('param' p); end loop;

　　　　　　　　　emit('call' k ',' entry)(id. name));}

(2) AL→AL, E　　　{k := k+1; E. place 加入到 AL. list}

(3) AL→E　　　　　{k := 1; 初始化 AL. list，使其仅含有 E. place}

当参数均为简单变量时，可将语法制导翻译简化成如下形式。

队列实现：

(1) S→call id(AL)   {emit('call' k ', ' entry(id. name));}

(2) AL→AL, E   {k：=k+1; emit('param' E. place);}

(3) AL→E   {k：=1; emit('param' E. place);}

栈实现：

(1) S→call id(AL)   {emit('call' k ', ' entry(id. name));}

(2) AL→ E   {k：=1; emit('param' E. place);}

(3) AL→E, AL   {k：=k+1; emit('param' E. place);}

4.4.5 类型检查

类型检查是静态语义分析的重要内容。大多数静态语义分析的工作都可以用语法制导技术实现。例如，当把一个名字填入到符号表的时候，就可以检查这个名字是否只说明了一次。

类型检查是验证一种结构的类型是否匹配其上下文要求的类型。如，调用用户定义的函数或过程时，实参的个数和类型与形参一致，等等。在生成一个目标代码时，需要类型检查时收集的类型信息。像算术运算符"＋"通常用于整型或实型的数据，但还可能用于其他类型的数据，这要根据上下文来验证操作的合法性。如果一个运算符在不同的上下文表示不同的运算，则称该运算符为重载运算符。Pascal 的"＋"运算符就是一个重载运算符，它根据上下文确定进行加法运算还是集合的并运算。重载可以伴随类型强制，编译程序按照运算符把操作数转换成上下文要求的类型。

常见的类型检查有标识符类型检查、表达式类型检查、语句类型检查、函数类型检查等。

☞ 4.5 本 章 小 结

本章讨论的重点是程序设计语言的静态语义分析，以及在语法分析的基础上生成中间代码的基本方法——语法制导翻译。本章涉及的基本概念如下：

(1) 语法与语义。语法表述的是语言的形式；语义揭示了程序本身的含义、施加于语言结构上的限制或者要执行的动作。

(2) 属性。属性通常分为两类：综合属性和继承属性。综合属性用于"自下而上"传递信息，继承属性用于"自上而下"传递信息。

(3) 语法制导翻译。语法制导翻译模式实际上是对上下文无关文法的一种扩充，即对于文法的每个产生式都附加一个或多个语义动作或语义子程序，且在语法分析过程中，每当需要使用一个产生式进行推导或归约时，语法分析程序除执行相应的语法分析动作外还要执行相应的语义动作或者调用相应的语义子程序。

(4) 中间代码。中间代码是中间代码产生器输出的中间表示。常见的中间代码有后缀式、三元式、四元式和图形表示法等。

（5）语义规则。对文法的每个产生式都配备了一组属性的计算规则，称为语义规则。

本章还介绍了常见程序结构的翻译，如说明性语句的翻译、赋值语句的翻译、布尔表达式的翻译、控制语句的翻译和过程调用与类型检查等相关知识。

习　题　4

一、选择题

1. 中间代码生成时所依据的是＿＿＿＿＿＿。

　　A. 语法规则　　　　B. 词法规则　　　　C. 语义规则　　　　D. 等价变换规则

2. 编译程序中语法分析器接收以＿＿＿＿＿为单位的输入。

　　A. 单词　　　　　　B. 表达式　　　　　C. 产生式　　　　　D. 句子

3. 后缀式 ab＋cd＋/可用表达式＿＿＿＿＿来表示。

　　A. a＋b/c＋d　　　　　　　　　　　　B. (a＋b)/(c＋d)

　　C. a＋b/(c＋d)　　　　　　　　　　　D. a＋b＋c/d

4. 终结符具有＿＿＿＿＿＿属性。

　　A. 传递　　　　　　B. 继承　　　　　　C. 抽象　　　　　　D. 综合

5. 文法 G 及其语法制导翻译如下（语义规则中的"＊"和"＋"分别是常规意义下的算术运算符）：

$$E \rightarrow E' \wedge T\{E.val := E'.val * T.val;\}$$
$$E \rightarrow T\{E.val := T.val;\}$$
$$T \rightarrow T' \# n\{T.val := T'.val + n.val;\}$$
$$T \rightarrow n \{T.val := n.val;\}$$

则 1∧2∧3#4 的值为＿＿＿＿＿＿。

　　A. 10　　　　　B. 34　　　　　C. 14　　　　　D. 54

6. 一语法制导翻译如下：

$$S \rightarrow bAb \qquad \{print''1'';\}$$
$$A \rightarrow (B \qquad \{print''2'';\}$$
$$A \rightarrow a \qquad \{print''3'';\}$$
$$B \rightarrow Aa) \qquad \{print''4'';\}$$

若输入序列为 b(((aa)a)a)b，且采用自下而上的分析方法，则输出序列为＿＿＿＿＿＿。

　　A. 32224441　　B. 34242421　　C. 12424243　　D. 34442212

二、填空题

1. 所谓属性文法是指＿＿＿＿＿＿＿＿＿＿＿＿。

2. 语义规则的描述方法有＿＿＿＿＿和＿＿＿＿＿。

3. 综合属性用于＿＿＿＿＿传递信息，继承属性用于＿＿＿＿＿传递信息。

4. 终结符只有＿＿＿＿＿＿属性，它由词法分析器提供。

5. 在使用高级语言编程时，首先可通过编译程序发现源程序的＿＿＿＿＿错误和部分＿＿＿＿＿＿错误。

6. 语法制导翻译既可以用来产生_____代码，也可用来产生_____指令，甚至可用来对输入串进行_____。

7. 在语法树中，一个结点的综合属性的值由其_____的属性值确定，而继承属性的值则由该结点的_____的某些属性确定。

三、名词解释

三元式　　　语义规则　　　翻译方案

四、简答题

1. 语法制导翻译方法的基本思想是什么？

2. 常用的中间语言种类有哪几种？使用中间语言的好处有哪些？

3. 给定下列中缀式，分别写出等价的逆波兰表示(运算符优先级按常规理解)。

(1) $-a \leqslant b \wedge a > 0 \vee b < 0$；

(2) $a - (a * b - d) * (a - b * d)/d$；

(3) $-a + b \leqslant 0 \vee a < 0 \wedge (a - b) > 2$；

(4) $a * (b * c - a) \leqslant b + c \wedge d$。

五、解答题

1. 简单台式计算机的语法制导定义如下：

$$L \to En \qquad \{print(E.val);\}$$
$$E \to E_1 + T \qquad \{E.val := E_1.val + T.val;\}$$
$$E \to T \qquad \{E.val := T.val;\}$$
$$T \to T_1 * F \qquad \{T.val := T_1.val * F.val;\}$$
$$T \to F \qquad \{T.val := E.val;\}$$
$$F \to (E) \qquad \{F.val := E.val;\}$$
$$F \to digit \qquad \{F.val := digit.lexval;\}$$

为输入表达式$(4 * 7 + 1) * 2$构造注释语法树。

2. 给定文法及相应的翻译方案：

$$E \to E + T \qquad \{print \; ''5'';\}$$
$$E \to T \qquad \{print \; ''4'';\}$$
$$T \to T * F \qquad \{print \; ''3'';\}$$
$$T \to F \qquad \{print \; ''2'';\}$$
$$F \to (E) \qquad \{print \; ''1'';\}$$
$$F \to i \qquad \{print \; ''0'';\}$$

对于句型 $T + (T * (F + T) * i)$，处理完该句型后输出是什么？

3. 赋值语句的文法及语义动作描述如下：

(1) $A \to := E$ 　$\{gen(:=, E.place, \_ , entry(i));\}$

(2) $E \to E_1 + E_2$ 　$\{E.place := newtemp; gen(+, E_1.place, E_2.place, E.place);\}$

(3) $E \to E_1 * E_2$ 　$\{E.place := newtemp; gen(*, E_1.place, E_2.place, E.place);\}$

(4) $E \to -E_1$ 　$\{E.place := newtemp; gen(@, E_1.place, \_ , E.place);\}$

(5) $E \to E_1$ 　$\{E.place := E_1.place;\}$

（6）E→i　　　　{E. place := entry(i);}

写出赋值语句 X := −B * (C+D)+A 的自下而上的语法制导翻译过程。

4. 条件式 if E_1 then E_2 else E_3 的语义解释为：若布尔式 E_1 为真，则条件表达式值取 E_2 的值；否则条件表达式值取 E_3 的值。试写出 if E_1 then E_2 else E_3 的适合语法制导翻译的产生式。

5. 文法 G 的产生式如下：

$$S \to (L) \mid a$$
$$L \to L, S \mid S$$

（1）试写出一个语法制导定义，它输出配对括号个数；

（2）写一个翻译方案，打印每个 a 的嵌套深度，如((a)，a)，打印 2，1。

第 5 章　自动机的应用

　　自动机是有限状态机(FSM)的数学模型，是对信号序列进行逻辑处理的装置。在自动控制领域内，自动机是指离散数字系统的动态数学模型。自动机也广泛应用在许多相关的学科中，分别有不同的内容和研究目标。在计算机科学中自动机用做计算机和计算过程的动态数学模型，用来研究计算机的体系结构、逻辑操作、程序设计乃至计算复杂性理论。在语言学中，自动机作为语言识别器，用来研究各种形式语言。在神经生理学中，自动机被定义为神经网络的动态模型，用来研究神经生理活动和思维规律，探索人脑的机制。在生物学中，自动机作为生命体的生长发育模型，用来研究新陈代谢和遗传变异。在数学中，自动机被定义为可计算函数，用来研究各种算法。现代自动机的一个重要特点是能与外界交换信息，并根据交换来的信息改变自己的动作，即改变自己的功能，甚至改变自己的结构，以适应外界的变化。也就是说，在一定程度上，自动机具有类似于生命有机体那样的适应环境变化的能力。

　　自动机与一般机器的重要区别在于自动机具有固定的内在状态，即具有记忆能力和识别判断能力或决策能力，这正是现代信息处理系统的共同特点。因此，自动机适宜于作为信息处理系统乃至一切信息系统的数学模型。自动机可按其变量集和函数的特性分类，也可按其抽象结构和连接方式分类，如有限自动机和无限自动机、线性自动机和非线性自动机、确定型自动机和非确定型自动机、同步自动机和异步自动机、级联自动机和细胞自动机等。

　　美国语言学家乔姆斯基等人建立了形式文法和自动机之间的联系，证明语言的形式文法与自动机之间存在着如下的对应关系：

　　① 若某一语言能用图灵机来识别，则它就能用 O 型文法生成，反之亦然；

　　② 若某一语言能用线性有界自动机来识别，则它就能用上下文有关文法生成，反之亦然；

　　③ 若某一语言能用下推自动机来识别，则它就能用上下文无关文法生成，反之亦然；

　　④ 若某一语言能用有限自动机来识别，则它就能用有限状态文法生成，反之亦然。

　　这种关于形式文法与自动机的关系，反映了语言的生成过程与识别过程的内在联系，它已成为计算机科学的基础之一。

　　本章选取了五个有代表性的有限自动机在信息处理中的应用，以示有限自动机如何应用于软件设计。

☞　5.1　有限自动机在自动控制软件设计中的应用

5.1.1　有限自动机的基本特征

有限自动机是一种具有离散输入、输出系统的数学模型。它具有任意有限数量的内部格局或状态，用此来记忆过去输入的有关信息，且根据当前的输入可确定下一步的状态和行为。一个有限自动机等价于一个状态转换图。这种状态转换图可以应用有限自动机的有关定理和算法进行等价变换、化简，然后用程序实现。由于状态转换图与程序有一定的对应关系，所以应用状态转换图可以使得程序的设计比较规范、高效。

有限自动机主要有以下几个特征：

（1）用状态转换图可以方便地描述计算机在自动控制中的处理过程，尤其是对于离散动态特征的过程。

（2）有限自动机的有关定理和算法已为设计者提供了坚实的基础和有力的工具。

（3）状态转换图与程序之间有对应关系。

一般来说，非确定型有限自动机有较强的描述能力，它在理论上有重要作用，而确定型有限自动机更容易用程序实现。可以证明，一个非确定型有限自动机等价于一个确定型有限自动机，并且可以相互转换。

5.1.2　用有限自动机进行软件设计的方法

用有限自动机进行软件设计的方法如下：

（1）软件系统模块划分。一个软件系统从整体上可分成几个模块，每个模块完成一个相对独立的功能，成为一个子系统，如键盘—屏幕管理、打印机管理、通信管理、控制和数据处理。这些模块分别与不同的外部设备或信息源相联系，具有相应的特点。将它们分开处理，可以使系统结构清晰，还有利于对每个模块构造一个有限自动机。当然，各模块之间的转换关系也可以看做是一个有限自动机。

（2）构造每个模块的状态转换图。这种状态转换图含有一个初态，多个终态，其构造过程如下：

① 建立一个初态结点，在此结点标记上所做的初始化工作，例如设备工作方式、数据区、计数器等的初始化工作。

② 对每个状态结点做以下可能的扩展：若在该状态下接收一个数据（包括输入数值、命令或状态信号等），则从该状态结点引出一个箭弧，在该箭弧上标记所接收的数据；在箭弧指向的状态结点（可能是原有结点，也可以生成一个新的结点）上标记接收该数据所做的处理工作；这样反复进行直到没有新的状态结点生成为止。在以上过程中，应尽量不生成标记有相同处理工作的结点，以减少状态个数，使状态转换图简单。这里需要权衡所生成的状态转换图结点数的多少和结点上标记所做工作多少的矛盾，以便使逻辑上合理、自然，整体上简单。

（3）将非确定型有限自动机转换为确定型有限自动机。一般来说，生成的状态转换图对应一个非确定型有限自动机。这里的非确定型有限自动机是指在某一状态下存在大于等于2条标记相同的箭弧，而这样的箭弧指向不同的状态结点，这难于用程序直接实现。所以，需要将这样的非确定型有限自动机 F 转化为等价的确定型有限自动机 F′，这里的等价是指 F 和 F′所接收数据（符号串）一样，功能相同。F 不存在有任何一个状态结点，它引出大于等于2条标记相同的箭弧，指向不同的状态结点，这一步工作称为"确定化"，可以用"子集构造"算法实现。它的输入是一个非确定型有限自动机的描述，输出是与输入等价的确定型有限自动机的描述。

（4）有限自动机化简。这里说的化简是指对一个确定型有限自动机进行转换，使得经转换后所得到的确定型有限自动机的状态结点最少，但它仍然与原有限自动机等价。一般来说，状态结点越少，实现它的程序越简练。这一步工作可用"逐次分割"算法实现。它可以与步骤（3）中的程序连接，得到一个化简的确定型有限自动机。

（5）用程序设计语言实现确定型有限自动机。对于经上一步得到的有限自动机，可编写一个程序实现它所描述的功能，即对每个状态结点所标记的处理工作编写一个程序段。各状态之间的关系相应于程序设计中的分支和循环这两个最主要和复杂的程序结构。

以上过程中，对于不熟悉有限自动机的人可以直接写出一个对应确定化的有限自动机的状态转换图，然后进行程序语言实现。如果处理得好，会使设计出的程序更直观，实现起来更自然。这样一种处理方法使得整个软件设计过程思路清晰，具有一定的规律性，设计出的程序也符合结构化程序的原则，拓宽了有限自动机理论的应用范围。

5.1.3　自动控制程序设计举例

以下以变电站模拟盘微机监控装置项目中的程序设计为实例，介绍使用有限自动机进行程序设计的方法。为便于理解，实例的一部分经过简化。

在变电站某条电力线路进行合闸操作前，应事先按照操作规程在模拟盘进行手工试操作，由微机采样判别其每一步操作是否正确并且做出语音提示，最终给出结论。其模拟盘操作过程用状态转换图即有限自动机描述，如图 5.1 所示。

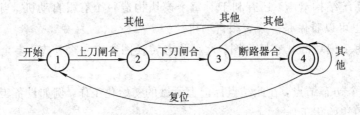

图 5.1　模拟盘操作过程的状态转换图

用程序设计语言实现以上有限自动机，对每个状态结点所做的工作编写一段程序实现，各段程序之间的转移由一个"判别状态"框实现，构成程序的分支。其框图如图 5.2 所示。

由于以上过程比较简单，直接画出了一个确定化的有限自动机的状态转换图，然后用程序实现，达到了预期目的。在本例程序设计中有合、分闸及安全联锁保护等 10 余种操作，按此方法实现的操作过程描述直观，程序结构清晰，取得了很好的效果。

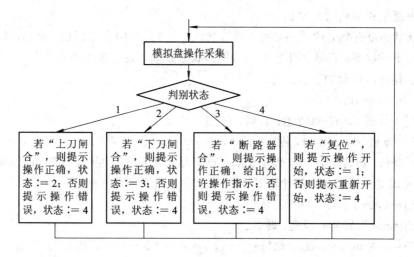

图 5.2　模拟盘操作过程的程序框图

☞ **5.2　对 KMP 算法的一个改进**

5.2.1　问题的提出

计算机处理的数据有时是以一种符号序列的形式出现的，例如在文字编辑、图像处理中常会碰到这种类型的数据，通常称它们为串（字符串）。

串上的一个基本问题是模式匹配。所谓模式匹配，是指已知一长度为 n 的文本字符串

$$A = a_1 a_2 \cdots a_n$$

和一长度为 m（$\leqslant$n）的模式字符串

$$B = b_1 b_2 \cdots b_m$$

问 A 是否存在长度为 m 的子串

$$a_{i+1} a_{i+2} \cdots a_{i+m}$$

使得 $a_{i+l} = b_l$，$l = 1, 2, \cdots, m$，$i \leqslant n - m$。通常称 A 为文本，B 为模式。

KMP 串匹配算法是串匹配中效率最高的一种算法。该算法是对模式 B 构造一个自动机。如 B＝bababc，B 的长度为 6，其自动机如图 5.3 所示。自动机中有 m＋2 个结点，表示 m＋2 种状态。每个结点有 2 条有向边：向右指向的边表示读到的是希望的字符，匹配成功，进入下一状态；向左指向的边表示本次匹配失败，应回退到箭头所指的状态重新匹配。

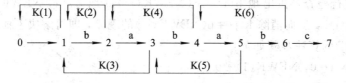

图 5.3　模式 bababc 的自动机

KMP 串匹配算法的步骤如下：

（1）根据模式串构造自动机。

（2）从状态 0 开始，读入一字符，进入状态 1，与其后的字符匹配。此后，每次匹配成功，则进入下一状态；否则，回退到 K(j) 所指状态重新匹配。若能进入状态 m+1，则模式匹配成功。其具体步骤如下：

① 令 i←1，j←1。

② 若 j>m 或 i>n，则转④；否则，转③。

③ 若 j=0 或 a(i)=b(j)，则 [i←i+1，j←j+1，转②]；否则，[j←K(j)，转②]。

④ 若 j>m，则转出 i−m，表示从 a_i+m 开始匹配成功；否则，表明匹配失败。

构造模式 B 的自动机，即计算 K(j) 的算法步骤如下：

① 令 j←1，i←0，K(1)←0。

② 若 j=m，则转④；否则，转③。

③ 若 i=0 或 b(j)=b(i)，则 [j←j+1，i←i+1，K(j)←i，转②]；否则，[i←K(i)，转③]。

④ 结束。

然而，上面构造的自动机有一缺陷，即出现一个正文字符与模式中多个相同字符重复匹配的情况。如图 5.3 中的自动机，在与正文匹配时，若模式的前 2 个字符已匹配成功，即已到达状态 3，此时，读入的字符将与状态 3 后的 b 进行匹配，若匹配失败，因为 K(3)=1，所以转入状态 1，与状态 1 后的 b 重新匹配，显然，这次匹配是多余的。又如，进入状态 5 后，读入的字符与状态 5 后的 b 匹配，若匹配失败，则先转入状态 3，后又转入状态 1，两次与 b 重复匹配，都是多余的，等等。这些与相同字符多次匹配的情况，都是多余的。尤其对形如 B=aaa…a 的模式，B 的长度为 m，其自动机如图 5.4 所示。只要是在 2～m 这 m−2 个状态中的任一状态 k 下匹配失败，都会造成一个正文字符与 a 重复匹配 k−1 次的浪费。

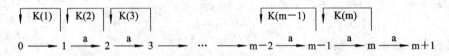

图 5.4 模式 aaa…a 的自动机

5.2.2 对 KMP 算法的改进

前面的问题是由于构造的自动机不合理而产生的。为此，这里对模式的自动机进行改进，将求 K(j) 修改成求 NEWK(j)。其思路是先按原方法构造自动机 NEWK(j)，然后对构造的自动机进行检查，在出现 b(j)=b(NEWK(j)) 的地方，将 NEWK(j) 的值修改成 NEWK(NEWK(j))，从而消除 b(j)=b(NEWK(j)) 的现象，即可解决上面的问题。

求 NEWK(j) 的算法步骤如下：

（1）令 j←1，i←0，NEWK(1)←0。

（2）若 j=m，则转（4）；否则，转（3）。

（3）若 i=0 或 b(j)=b(i)，则 [j←j+1，i←i+1，NEWK(j)←i，转（2）]；否则，[i←NEWK(i)，转（3）]。

（4）令 j←1。

（5）若 j＝m，则转（7）；否则，j←j+1，转（6）。

（6）若 b(j)≠b(NEWK(j))，则 NEWK(j)←NEWK(j)，转（5）；否则，NEWK(j)←NEWK(NEWK(j))，转（5）。

（7）结束。

由以上算法构造的模式 bababc 和 aaa…a 的新自动机如图 5.5 和图 5.6 所示。

由图 5.5 和图 5.6 可以看出，由 NEWK 构造的新自动机不存在 b(j)＝b(NEWK(j)) 的现象，因而更加简洁、清晰，避免了一个正文字符与模式中多个相同字符反复匹配的情形，从而提高了效率。

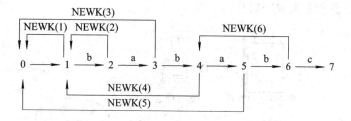

图 5.5　模式 bababc 的新自动机

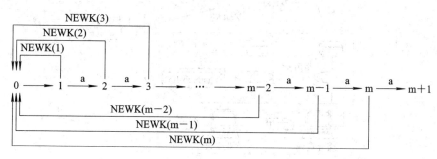

图 5.6　模式 aaa…a 的新自动机

5.2.3　时间复杂度分析

KMP 算法的时间复杂度在最坏情况下为 O(m+n)。K(j) 的复杂度为 O(m)。计算 NEWK(j)，其中增加了 m 次字符比较，其时间复杂度仍为 O(m)。因此，从整体上讲，在最坏情况下的时间复杂度并不能被降低，仍为 O(m+n)。但在实际应用中，复杂度的降低将随模式 B 中类似子串的多少以及 m 与 n 的大小悬殊等情况有所不同。

例如，对模式 B＝bababc，若正文 A＝babacbabacbababc，A 的长度为 16，则使用 K(j) 自动机，匹配过程中需要 20 次字符比较，而使用新自动机，则只需 16 次字符比较。

又如，对模式 B＝aaaa，若正文 A＝aaabaaacaaadaaaa，A 的长度为 16，则使用 K(j) 自动机，匹配过程中需要 25 次字符比较，而使用新自动机，则只需 16 次字符比较。若 A＝aaabaaab…aaabaaaa，A 的长度为 4n，则使用 K(j) 自动机需要 7n-3 次字符比较，使用新自动机，只需 4n 次字符比较。

从以上例子可以看出，对于有较多相同子串的模式 B，m 与 n 的悬殊越大，A 中相似于 B 的子串越多，则节省的比较次数越多，效率提高得越多。

☞ 5.3 移动通信营业系统中的自动机模型

5.3.1 系统概述

移动通信营业系统是移动实时集中计费营业系统的三个子系统(数据采集、计费和营业子系统)之一。该子系统的主要功能是实现在营业厅实时受理各种移动业务,解决以往营业系统中许多业务不能实时开通的问题。

实时移动计费营业系统网络见图 5.7。

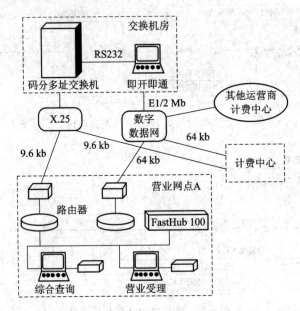

图 5.7 实时移动计费营业系统网络

营业厅受理的各种用户资料通过 DDN(数字数据网)/X.25 网送到省计费中心用以处理计费流程;同时将用户资料传送至交换机用以实现相关业务,例如用户租机、即开即通等。

营业子系统的功能是为用户办理各种移动业务,例如装机、拆机、开机、停机、出租转固定等,同时也向用户提供话费查询和统计功能,向系统管理员提供参数管理。用户在各自营业网点的计算机上办理各类业务,系统将用户的有关信息存入所在局的数据库服务器中,以备计费、查询和统计,并在即开即通程序中,通过与交换机的数据交互来实时控制交换机,以实现业务的实时性。

按照数据库应用系统的设计步骤进行移动通信营业子系统的数据库设计,并按照软件工程的设计方法进行数据库应用软件设计,用营业自动机模型可以解决复杂的业务关系。

5.3.2 数据库设计

因营业子系统所涉及的实体多且它们之间的关系复杂,以下只给出简单的实体关系模型，如图 5.8 所示。

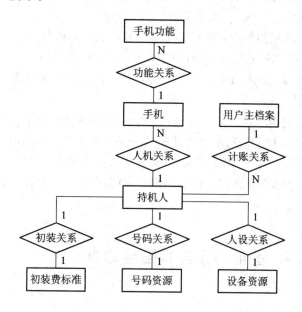

图 5.8　营业子系统的实体关系

由于营业受理模块的内容比较多，而且内部的关系较为复杂，因此如何构造结构优良、易读和易维护的数学模型是关键所在。由于各种状态之间的关系复杂，图 5.9 只给出了部分状态和状态之间的转移。

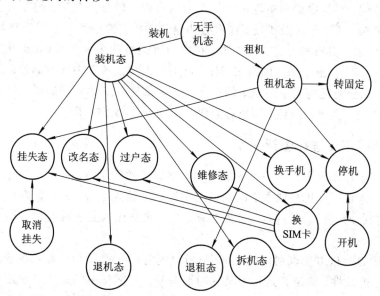

图 5.9　营业受理自动机状态转移图

为了使问题简化，将其形式化为营业自动机。营业自动机定义为 $M(S, T, S_t, V, Z, F)$，其中：

S——手机的状态集合，其每个元素表示手机的某种状态，S = {装机态，租机态，拆机态}；

T——系统所有业务的集合，T＝{装机，租机，拆机}；

S_t——开始状态集合，$S_t \subseteq S$，S_t＝{无手机}；

V——办理每一种业务的费用集合，V＝{装机费，租机费，拆机费}；

Z——终止状态集合，$Z_t \subseteq S$，这里 Z＝{拆机态，退机态，退租态}；

F——从 S×T 至 S×V 的映射，$F(s_1, t) = (s_2, v)$，表示用户从状态 s_1 办理业务 t 后，转移到状态 s_2，费用为 v，$s_1 \in S$，$s_2 \in S$，$t \in T$，$v \in V$。

用户从无手机开始，经过若干次营业受理到用户结束移动业务，反映到状态图上就是从无手机态到退机态、拆机态和退租态中某种状态的一条有向路径。运用形式化的描述方式可以使问题变得简单，例如，对于"出租转固定"业务，可简单地表示为 F({租机态}，租机)＝({出租转固定态}，办理出租转固定的费用)，从而提高了应用系统的开发效率并增强了其可维护性和可移植性。

☞ 5.4 图形识别的有限自动机方法

5.4.1 问题的提出

在计算机图形学中对图形的识别是一个重要的研究领域，对工程图中的特定符号、特征的识别与提取是较为困难的问题之一。对图形的识别一般可先分析图形的特征，然后归纳出识别的步骤，再根据识别步骤进行一系列的推理、判断。该方法的原理较为简单，但其实现较为复杂，难于维护及扩展。在机械和建筑图中，常用的一些图形符号(如粗糙度、标高、轴线等)都是具有某种意义的图形，在图中可能呈现多种形式(如粗糙度符号、标高符号、轴线符号等)。由于用户的绘图习惯，此类图形在工程图中并不都是以块或组的形式表现的，而是以没有任何联系的简单的直线、文字或其他图形元素的形式来表现。如何对其进行识别是一个突出的问题，而原有的图形识别方法都不适用。

5.4.2 使用 DFA 进行图形识别

确定型有限自动机方法是一种描述特定类型算法的数学方法，它主要用于对单词、字符串的识别。其原理是从左到右依次从输入字符串上读入字符，并在读取过程中根据其读入的字符对当前所处的状态进行判断及转移，然后根据读入完成后的状态识别所输入的字符串。

使用有限自动机方法识别粗糙度符号、标高符号等一类图形的基本思想是：通过判别图形的状态、连续性，确定其是否为某一图形符号。与字符串的识别有所不同，对于图形的识别并不存在一个确定的输入序列，其状态的转移需要从相应的图形元素集合中搜索符合状态转移条件的图形元素，若搜索成功，则进行状态转移。

以图形状态集合 $S = \{s_1, s_2, s_3, \cdots, s_n\}$ 描述图形符号中不同图形元素所形成的某种状态，若此状态未能映射图形符号的某种形式，则继续搜索其下一状态，若此状态能映射图形符号的某种形式，则说明识别到此图形符号。

在建筑图中，标高符号共有 6 种标准形式，如图 5.10 所示。对标高符号进行识别就是指从一组直线、文字的图形元素中，识别出其中是否存在图 5.10 中的 6 种标高形式。

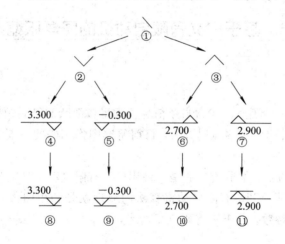

图 5.10　标高符号样式（单位：m）

设 M 是识别标高符号的一个确定型有限自动机，它识别的状态转换图如图 5.11 所示。M 可以用一个五元组表示，即

$$M = (S, \Sigma, f, s_0, Z)$$

其中：状态集合 $S = \{s_1, s_2, s_3, \cdots, s_{11}\}$，当中的 $s_n(n = 1, 2, 3, \cdots, 11)$ 分别对应图 5.11 中的状态 1～状态 11，表示 DFA 中的状态；Σ 为图形元素表，用于存放待识别的图形元素，由于标高符号由 3 条不同类型的直线及 1 个字符共 4 种图形元素组成，因此取 $\Sigma = \{\Sigma_1, \Sigma_2, \Sigma_3, \Sigma_4\}$，其中 Σ_1 存放水平直线，Σ_2 存放倾角为 45°且长度符合标高要求的直线，Σ_3 存放倾角为 135°且长度符合标高要求的直线，Σ_4 存放文字图元；f 为转换函数，是 $S \times \Sigma \rightarrow S$ 的单值部分映射，$f = \{F_{12}, F_{13}, F_{24}, F_{25}, \cdots, F_{ij}\}$，$F_{ij}$ 表示在当前状态 s_i 下，输入图形元素 a，将转移到 s_j，其中 s_j 为 s_i 的一个后继状态（在标高符号的识别中，f 是一个布尔表达式，当布尔表达式为真时，可进行转换，当布尔表达式为假时，不可进行转换）；$s_0 \in S$，是 M 的唯一一个初态，即 s_1；$Z \subseteq S$，是终态集，$Z = \{s_4, s_5, s_8, s_9, s_{10}, s_{11}\}$。

图 5.11　标高符号识别状态转换图（单位：m）

下面以 s_1 到 s_2 的转换为例说明状态转换过程。从 Σ_2 中取出一个图形元素作为初始状态 s_1，该图形元素为倾角为 45°且长度符合标高要求的直线。然后依次遍历 Σ_3，取出其元素 c_i，即倾角为 135°且长度符合标高要求的直线，将其作为输入图形元素。转换函数为 $F_{12}(s_1, c) = s_2$，其中 F_{12} 要求 s_1 的终点与 c 的起点重合。若在 Σ_3 中能找到使函数 T_{12} 成立的图形元素 c_i，则将当前状态转变为 s_2，并在 Σ_3 中删除图形元素 c_i。相类似地，从 s_2 到 s_4 的转换，依次遍历 Σ_1 与 Σ_4，取出其图形元素 c_i 与 t_i，转换函数为 $F_{24}(s_2, c, t) = s_4$，其中 F_{24} 要求 c_i 分别与 s_2 中的两根直线相交，同时 t_i 位于 c_i 的上方，且其距离及位置满足标高符号的要求。若能在 Σ_1、Σ_4 中找到 c_i、t_i 使函数 F_{24} 成立，则将当前状态转变为 s_4。依次类推，若最终状态处于 4、5、8、9、10、11 时，则说明识别到一个标高符号，同时根据其最终状态，能够判断出标高的类型。

5.4.3　DFA 的实现

采用 State 模式实现 DFA。首先创建一个状态类的基类 StateBase，包含一个纯虚的状态转移函数 ChangeState，该函数由各个状态类实现，根据各个状态的需要判断状态转移的条件并进行状态转移。其声明如下：

StateBase* ChangeState(Line*，Line*，Line*，Text*)；

其中 4 个参数分别对应图形元素表Σ中的 4 个图形元素集合 Σ_1、Σ_2、Σ_3、Σ_4，函数返回转移后的状态。然后根据需要创建若干个状态类，并将其作为 StateBase 的派生类，每一个状态类对应 DFA 中的一个状态，并根据各自的转移条件及转移结果实现函数 ChangeState。最后根据所处的状态类，即可判别图形识别所处的状态。若能识别出标高符号，则可根据文字图元所附带的信息，读取出其标高值。

5.4.4　应用效果

将此识别图形的方法应用在基于 AutoCAD 平台的建筑图自动识别中，无论哪个绘图者所绘制的建筑图，应用该方法对图中的标高、窗口、轴线、粗糙度等符号的识别效果均较为理想，可严格地判断出这类符号是否符合国家标准。

☞　5.5　基于广义有限自动机的图像压缩方法

5.5.1　问题背景

图像压缩编码算法的研究已成为当今信息技术里最活跃的研究领域之一。经过近几年的研究探索，学者们提出了许多编码方法，目前研究图像编码的主要方法是分形理论、神经网络和小波变换等。

不同于以上几种方法，本节给出的是一种用广义有限自动机(GFA)对图像进行自动编码/解码的算法。从本质上讲，有限自动机算法的原理就是利用图像本身的自相似性以减少描述图像所需的比特数。由于不需要反复迭代，有限自动机算法在解码时可表现出更大的优越性。

目前有限自动机方法的使用已经延伸到了灰度图像，其典型代表是 Karel Culik Ⅱ 和 Jarkko Kari 提出的加权有限自动机(WFA)，给出了如何将图像与自动机对应的规则，以及一个用非确定型有限自动机进行自动编码/解码的算法。Karel Culik Ⅱ 和 Jarkko Kari 在检测自相似性时仅考虑单纯的灰度比例变换关系，因而为了增加编码能力采用了非确定型有限自动机。本节在灰度比例变换基础上增加了图像旋转、翻转、补运算等措施，大大增强了自相似性检测能力，从而可以用 GFA 进行编码。

5.5.2　图像的有限自动机表示

通过给无限四叉树的每个结点赋值 0、1 可以描述一个二值多分辨率图像。如果四叉树的每个出边被标志成 0、1、2、3，则能够得到到达每个结点的一个唯一标识路径，这个符号序列被称为结点的标识。深度为 k 的结点的标识是字母集{0，1，2，3}上的一个长度为 k

的子字符串。正规字符串集可以由有限自动机或正规表达式来表示，因此，将有限自动机应用于处理多分辨率图像的思想得到了许多学者的认可。

一个有限自动机可以用一个状态转换图描述。从初态出发到达一个终态，就可以接收一个符号序列。该序列是由从初态到达终态的路径上的字符连接而成的。假设用一个确定型有限自动机 A 表示一个图像 I，A 的每个状态对应于 I 的每个子图，起始状态与 I 相对应。如果从状态 i 转变到状态 j 表示成 0(1,2,3)，那么与状态 j 相对应的图像位于与状态 i 相对应的图像的第四(第三、第一、第二)象限。

5.5.3　灰度图像及有限自动机的构造

1. 图像划分与有限自动机状态表示

对一幅图像进行划分的方法是将它分成大小相同的 4 个小正方形图像，对每块小图像再进行同样的划分，以此类推。

现在考虑分辨率为 $2^n \times 2^n$ 的灰度图像。为了充分发挥有限自动机在图像描述方面的优势，可以用字母集 $\Sigma = \{0, 1, 2, 3\}$ 上长度为 n 的字符串作为标识来描述分辨率为 $2^n \times 2^n$ 的图像的每个像素，其中空串对应整幅图像，e 用来表示单位正方形，它的象限由单个数字表示，如图 5.12(a)所示，这个正方形的四个子图标识为 w_0、w_1、w_2 和 w_3。图 5.12(b)是分辨率为 4×4 的像素标识，图 5.12(c)是字符串为 3203 的像素标识。

1	3
0	2

11	13	31	33
10	12	30	32
01	03	21	23
00	02	20	22

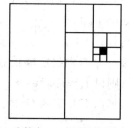

(a) 象限表示　　　　　(b) 分辨率为4×4的像素标识　　　　　(c) 字符串3203表示的像素标识

图 5.12　象限表示与像素标识

输入字符集中的一个字符串如果能够表示从起始状态到终态的一条途径，那么这个字符串对于该自动机是可识别的，这个集合(能够被自动机 A 识别的语法)表示为 L(A)。

图 5.13(a)对于所有分辨率为 $2^m \times 2^m (m \geqslant 1)$ 的图像来说都是一样的。对于深度为 m 的图像可以描述成有限集合 $\{1, 2\} \Sigma^{m-1}$ (Σ^{m-1} 表示 Σ 中所有长度为 m-1 的字符的集合)，因此二值多分辨率图像可以描述成正规集 $\{1, 2\} \Sigma^*$。图 5.13(b)可以用正规集 $\Sigma^2 \{1, 2\} \Sigma^*$ 表示，其自动机表示如图 5.14 所示。

(a) 2×2的网格　　　　　　　　(b) 8×8的网格

图 5.13　网格

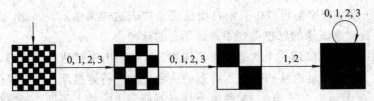

图 5.14 自动机表示

2. 多分辨率图像的自动机构造过程算法

对于一个多分辨率图像,在自动机存在的前提下可以用如下程序段来描述该图像(对给定的图像 I,用 I_w 表示 I 在标识为 w 的正方形中放大后的图像,状态数 x 表示的图像记为 ψ_x):

(1) 令 i=j=0;

(2) 创建初始状态 0 状态,使 ψ_0=I;

(3) 假设 ψ_i=I_w,处理状态 i,也即

  for k=0, 1, 2, 3 do

   if I_{wk}=ψ_q then   从状态 i 到状态 q 建立一条边标记为 k;

   else j=j+1;

    ψ_j=I_{wk};

   从状态 i 建立一条边到新状态 j 标记为 k;

(4) if i=j 表示所有状态均已处理过,处理结束;

  else i=i+1;

  执行第(3)步;

如果存在一个自动机能够很好地描述给定的图像并形成一个具有最少状态数的确定型有限自动机,则以上程序段终止。采用的图像压缩方法就是基于这个自动机程序段的,除此之外,还用到以下介绍的 GFA。

5.5.4 广义自动机(GFA)及压缩算法

1. 广义有限自动机

广义有限自动机的每种转换都用一个输入符号表示,同时它还具有如图 5.15 所示的 16 种转换方法。

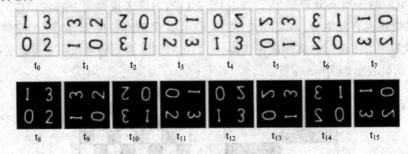

图 5.15 图像转变

在 GFA 转换表中,转换用数字 0~15 来表示,第 i 种转换表示成 t_i。一张 GFA 表和标有 a-n 状态转换的 FA 表相似,其中 a 表示输入,n 表示转换。对于具有状态集 Q 和初始状态 q_0 的 GFA 来说,当 q∈Q 时,状态 q 代表图像 I_q,其前提条件为:对每一个 p∈Q 并

且 $a \in \{0, 1, 2, 3\}$，用 $(p, a-n_i, q_i)$，$i=1, 2, \cdots, r$ 表示所有从状态 p 出去的边并且标识为 $a-n_i$。图像 $\bigcup_{i=1}^{r} t_{ni}(I_{qi})$ 是由从 I_p 中获得的图像在 a 象限进行无限划分得来的。

2. 压缩算法实现过程

本算法在实现过程中结合了小波变换的方法，采用 Dau-bechies 小波族中的 db1 小波对灰度图像进行预处理，所以采用的方法结合了小波变换和 GFA 两种方法的优点。

以下给出 GFA 压缩算法核心部分的主要思想。

输入：一个由有限的四叉树 ψ 表示的灰度图像，一个误差值 error。

(1) 初始状态 q_0 表示子正方形 ε（即整幅图像），对于所有 $q \neq q_0$，初始分配为 $\alpha(q_0)=1$，$\alpha(q)=0$，最后的分配 β 对于所有的 q 均满足 $\beta(q)=1$。

(2) 如下递归处理每一个状态：将下一个未处理的状态 q 赋给正方形 w，把 w 分成四个子正方形 w_0, w_1, w_2, w_3，对 $w_a(a=0, 1, 2, 3)$ 执行步骤(3)。

(3) 将子正方形 $w_a(a \in \Sigma)$ 中的图像表示为 ψ'，如果 $\psi'=0$，则从状态 q 没有标识为 a 的转换；否则，该算法遍历所有已创建的状态和转换 $t_i(i=0, \cdots, 15)$，如果状态 p 和转换 t_j 被找到且满足 $d_k(\psi', t_j(\psi_p)) \leqslant error$，其中 ψ_p 是一个赋给状态 p 的子正方形图像，则创建一条新的边 $(q, a-j, p)$。如果没有这样一个状态和转换，则赋予 ψ' 一个新的（未处理的）状态 r 并创建一条新边 $(q, a-0, r)$。

(4) 转到步骤(2)处理未处理的状态，否则结束。

解码算法相当简单。假设已有一个 GFA，先计算图像 $(2^n \times 2^n)$ 中每个像素所对应的串 s（长度为 n），然后根据 s 在 GFA 中递归地进行状态转移，同时执行每一转移所对应的翻转等操作就能得到该像素的灰度值，最后即得到复原图像。

5.5.5　实验结果及结论

为了验证 GFA 算法的有效性，实验时以 Matlab 6.5 及 VC++作为实验环境，以灰度级为 256 级、大小为 256×256 的 Lena 图像、Baboon 图像、沧浪亭图像及花瓶图像作为原始图像进行压缩，其压缩结果如图 5.16 所示。

　Lena 原图　　　　Lena 重建图像　　　　Baboon 原图　　　Baboon 重建图像

　花瓶原图　　　　花瓶重建图像　　　　沧浪亭原图　　　沧浪亭重建图像

图 5.16　原始图像与复原图像的对比

基于广义有限自动机的图像压缩方法对灰度图像的压缩具有很好的可行性。从上述实验结果可以看出压缩结果图像没有很明显的方块效应；其次，基于广义有限自动机的图像压缩方法采用的是确定型有限自动机，而 Karel Culik Ⅱ 和 Jarkko Kari 提出的加权有限自动机(WFA)采用的是非确定型有限自动机，虽然 DFA 和 GFA 都能精确地识别出正规集，但用 DFA 而不用 NFA 具有简单、编码时不用解方程组以及解码迅速等优点。

☞ 5.6 本 章 小 结

本章主要介绍了自动机在不同领域的应用，内容包括有限自动机在自动控制软件设计中的应用、移动通信营业系统中的自动机模型、图形识别的有限自动机方法、基于广义有限自动机的图像压缩方法等。

习 题 5

一、选择题

1. 自动机是_____的数学模型。

2. 自动机可分为_____、_____、_____、_____等几种。它们对语言的识别能力各不相同。

3. 若某一语言能用_____来识别，则它能用上下文无关文法生成，反之亦然；若某一语言能用_____来识别，则它就能用有限状态文法生成，反之亦然。

4. 有限状态自动机在很多不同领域都有重要作用，包括电子工程、计算机科学、生物学等学科。在计算机科学中，有限状态机被应用于_____、_____、_____、_____、计算机语言的研究等。

5. 确定型有限状态自动机与非确定型有限状态自动机识别的语言都是_____。由于其良好性质，许多为其他自动机(下推自动机或图灵机)不能判定的问题，在_____的情形下，都可以得到判定，并且存在有效的算法。

6. 下推自动机(PDA)是自动机理论中定义的一种抽象的计算模型。下推自动机比有限状态自动机复杂：除了_____组成部分外，还包括一个长度不受限制的栈。

7. 对于一个确定型有限状态机，下述判定问题都可以判定，并且存在有效的算法。该自动机识别的语言是否为_____；该自动机识别的语言是否为_____；该自动机是否与另一个确定型有限状态机识别_____。

二、应用题

1. 界面是一个软件系统最直观的表现形式，负责与最终用户进行交互。良好的界面设计与控制可以增强人机交互的友好性，并且增强程序的健壮性。近年来，随着软件规模的不断扩大，软件界面的设计与控制也日趋复杂。特别是软件界面与业务逻辑耦合较为紧密，当用户需求发生变化时，界面布局与操作亦随之变动，无形中增加了软件的开发与维护成本。

　　基于有限状态自动机的界面控制器 IC 由软件界面、逻辑控制器 LC(Logic Controller)
和描述页面状态的 XML 文件组成。其中，软件界面主要负责与用户交互并触发相应事件，
XML 文件主要负责对页面操作的状态及状态转换进行建模，LC 主要依据 XML 文件控制
页面的逻辑操作。

　　在执行过程中，用户在程序界面上的所有操作都可映射为一个事件，LC 将捕获到的
这一事件转化为输入字符，并根据 LC 的当前状态和状态转换函数确定页面所处的下一状
态。状态转换函数和状态集均保存在 XML 文件中，一个页面对应一个 XML 文件。LC 对
DFA 进行了扩展，使其在状态转换过程中可执行相应的动作。IC 的结构如图 5.17 所示。

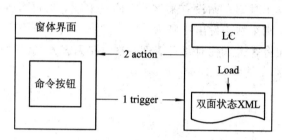

图 5.17　IC 的结构

请根据图 5.17 的结构对其建模。

　　2. 随着 Web 服务技术越来越成为应用和研究的热点，面向 Web 服务的成功应用也不
胜枚举。现在人们开始关心能否完成松散的 Web 服务的自动集成，以此进一步发挥 Web
服务的强大的功能。要完成这样的自动集成，就必须解决 Web 服务间的执行步骤和相互作
用等问题。

　　对自动机的定义进行扩展可以对 Web 服务间的执行步骤、相互作用和选择进行描述。
下面通过买卖双方的相互作用的例子加以说明。

　　图 5.18 阐述了行为间的简单逻辑运算关系。如图 5.18(a)所示，如果有现货，就进入
状态 2，否则就拒绝买方订单，进入终止状态 E。如果买方的行为序列只有其中一路分支

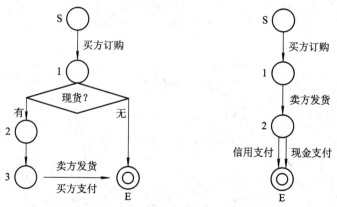

(a) "有"和"无"为合取关系　　　　(b) "信用支付"和"现金支付"为析取关系

图 5.18　行为间的简单逻辑运算关系

（如"有"分支），且系统判断其为匹配，在"无现货"条件时，将会出现错误。这里的两路分支应该是合取逻辑。图 5.18(b)中增加了付款方式，即"信用支付"和"现金支付"。根据交易常识，不管哪种付款方式，卖方应该是可以接受的。也就是说，"信用支付"和"现金支付"这两条路径，匹配方案只要有其中一条就可以了。这里的两路分支是析取逻辑。以上展示的两种路径之间的关系就是行为间简单逻辑运算关系。

请用自动机为其建模，即对买卖双方的行为建模。

3. 用有限自动机表示如下两个过程。

（1）某公共汽车在始发站有乘客的条件下每隔一固定时间段发出一班车。车站发出一班车后，如果在下一发车时刻车站没有乘客，则停一班次，当再等到下一发车时刻时，不管始发站有没有乘客，则车站必发出一班车。

（2）某宾馆客房在有客人入住时每日清理一次，在无客人入住时每四日清理一次。

第6章　符号表与运行时环境

在编译程序工作的过程中，需要不断地收集、记录和使用在源程序中出现的各种名字的属性和特征等相关信息，为了便于操作，可以让编译程序在工作过程中将这些信息记录在一批表格中，通常把这些表格称为符号表或名字表。

编译程序的最终目的是将源程序翻译成能够在目标机器上运行的目标程序，为此，除了对源程序进行词法、语法和语义分析外，在生成目标代码前，需要把程序的静态的正文与实现该程序运行时的活动联系起来，其中的一些分析和具体的机器无关，但是最终代码生成的许多任务都依赖于具体的目标机器。运行时环境（Runtime Environment）指的是目标机器的寄存器以及存储器的组织结构，用来管理存储器并保存指导执行过程中所需的信息。

本章主要介绍符号表、目标程序运行时环境等内容。

☞　6.1　符　号　表

符号表中的每一项包括两个部分：名字标识符以及与该名字相关的一些信息。这些信息将全面反映各个符号的属性以及它们在编译过程中的特征，例如名字的种属（常数、变量、数组、过程等）、名字的类型（整型、实型、逻辑型、字符型等）。

6.1.1　符号表的组织与作用

符号表中所登记的信息在编译的不同阶段都要用到。例如，在语义分析阶段，符号表中所登记的内容将用于语义检查和产生中间代码；在编译各阶段，每当遇到一个名字都要查找符号表，如果发现新名字或是已有的名字的新信息，则需要对当前的符号表进行修改。由于在编译程序工作的全过程中都需要对符号表进行频繁的访问，因此，合理地组织符号表，并相应地选择好查、填的方式，对于提高编译程序工作效率显得尤为重要。

抽象来看，各类符号表中的每一项（或称入口）都由两个栏目（或称区段、字域）组成，即名字栏和信息栏。名字栏又称主栏，用来存放标识符或内部码，其内容为关键字；信息栏一般由若干个子栏组成，用来记录与该项名字相对应的各种属性和特征。符号表的形式如图 6.1 所示。

名字栏	信息栏
第1项(入口1) ...	...
第2项(入口2) ...	...
⋮ ⋮	⋮
第n项(入口n) ...	...

图 6.1 符号表的形式

在符号表中，每一项都是关于名字的说明。在整个编译期间，对于符号表的操作大致可以归纳为以下五类：

（1）对于给定的名字，查询此名字是否在表中。

（2）往表中填入一个新的名字。

（3）对于给定的名字，访问它的某些信息。

（4）对于给定的名字，往表中填写或更新它的某些信息。

（5）删除一个或一组无用的信息。

这里归纳给出的是一些基本的共同操作，不同种类的表格所涉及的操作往往是不同的。

符号表最简单的组织方式是让各项各栏所占用的存储单元的长度是固定的。各项名字栏的大小可按标识符的最大允许长度来确定。例如，标准的 FORTRAN 语言规定每一标识符不得超过 6 个字符，因此可用 6 个字符的空间作为名字栏的长度。存放名字最简便的方式是将名字中各字符直接从左到右依次存入名字栏中，如果名字中的字符个数小于名字栏的长度，则用空白符补足。

然而对于标识符长度变化范围较大的语言来说，如果按照标识符最大允许长度来确定名字栏的长度，就会浪费大量的存储空间，因此，在这种情况下，最好利用一个独立的字符串数组将所有的标识符都存放在其中，而在符号表的名字栏中仅放置一个指示器，用来指示相应标识符在字符串中的位置。同时，为了指明每一标识符的长度，可在指示器之后或在字符串表中该标识首字符之前，放置一个表示相应标识符所含个数的整数。图 6.2(a)～(c)分别表示了存放标识符的几种不同的方法。

在计算机中，符号表的每一项记录在存储器中需要占用若干个存储单元，对于一张可容纳 N 项的符号表在存储器中可以使用以下两种方式来表示（假定每一项需要 K 个存储单元）：

（1）把每一项置于连续的 K 个单元中，从而提供一个占用 K×N 个单元的表。

（2）根据对表的使用情况，将整个符号表分成 M 个子表，如 T_1，T_2，T_3，…，T_M，每个子表含 N 项。假定子表 T_i 的每一项所需的字数为 K_i，那么，$K=K_1+K_2+\cdots+K_M$。对于任何 i，$T_1[i]$，$T_2[i]$，…，$T_M[i]$ 的并置就构成符号表的第 i 项的全部内容。

在编译程序的工作过程中，每一遍编译所用的符号表可能略有差别，一般地，主栏和某些基本的属性栏大多不会发生改变，而一些信息栏可能在不同的阶段又有不同的内容。为了达到合理使用存储空间的目的，最好采用上述第（2）种存储表示方式。

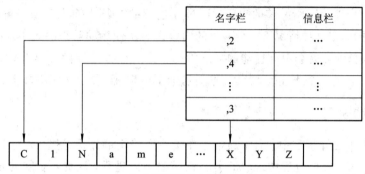

(a) 标识符直接存放在名字栏中

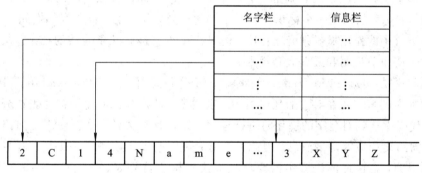

(b) 标识符存放在字符表中的方式一

名字栏	信息栏
…	…
…	…
⋮	⋮
…	…

| 2 | C | 1 | 4 | N | a | m | e | … | 3 | X | Y | Z | |

(c) 标识符存放在字符表中的方式二

图 6.2　标识符的三种存放方式

6.1.2　符号表的建立与查找

在编译器中，符号表是一个典型的目录数据结构，插入、查找和删除这三种基本操作的效率根据数据结构组织的不同而变化很大。在整个编译过程中，符号表的查、填率是非常高的，编译工作相当大的一部分时间是用在查、填符号表上的。

目录数据结构的典型实现包括线性表、二叉搜索树以及杂凑表（hash 表）等。

线性表是一种较好的基本数据结构，它能够提供三种基本的操作来方便而直接地实现访问，即使用恒定次数的插入操作（通常插入在前面或后面）以及查找和删除操作，表的大小是线性的。线性表中每一项的先后顺序是按先来先填的原则进行的，编译程序不做任何整理次序的操作。

二叉搜索树的形成过程是：将第一个碰到的名字作为根结点，其左、右指示器为 null，当要加入新结点时，将新结点的值和根作比较，小的放在右枝上，大的放在左枝上。如果根结点的左(右)枝是子树,则将新结点和子树的根作比较,重复上述操作,直到将新的结点插入使它成为二叉树的一个末端(叶)结点为止。二叉搜索树结构对符号表的效用较小,因为它们没有提供最好的效率和删除操作的复杂性。

杂凑表通常为符号表的实现提供了最好的选择。杂凑表是一个入口数组,称做"桶",使用一个整数范围的索引,通常从 0 到表的尺寸减 1。杂凑函数把索引键(在这种情况下是标识符名,组成一个字符串)转换成索引范围内的一个整数的杂凑值,对应于索引键的项存储在这个索引的"桶"中。杂凑表是如何处理冲突(这称为冲突解决)的呢?一种方法是在每个"桶"中对一个项分配刚好够的空间,通过在连续的"桶"中插入新项来解决冲突(这有时称做开放寻址)。在这种情况下,杂凑表的内容由表所使用的数组的大小限制,当数组填写冲突越来越频繁时,就会引起性能的显著下降。另一种方法称做分离链表,在这种方法中每个"桶"实际上是一个线性表,通过把新的项插入到"桶"表中来解决冲突。

6.1.3　作用域规则

在众多的程序设计语言中,名字通常存在于一个确定的作用范围,对于过程嵌套结构型的程序设计语言,每层过程中说明的名字只局限于该过程,因此,名字的作用范围是和它所处的那个过程相联系的,即在一个程序中,同一个标识符在不同的地方可能被说明为标识不同的对象,从而同一个标识符具有不同的性质,要分配不同的存储空间。

编程语言中的作用域规则变化很广,但对许多语言都有几条公共的规则。这里讨论其中两条——使用前说明和最近嵌套规则。

使用前说明(Declaration Before Use)是一条公共规则,在 C 和 Pascal 语言中使用,要求程序文本中的名字要在对它的任何引用之前说明。使用前说明允许符号表在分析期间建立,当在代码中遇到对名字的引用时进行查找;如果查找失败,则在使用之前出现说明错误,编译器给出相应的出错消息。因此,使用前说明有助于实现一遍编译。有些语言不需要使用前说明,在这样的语言中需要单独一遍来构成符号表,导致只有一遍编译是不可能的。

块结构(Block Structure)是现代语言的一个公共特性。例如,在 Pascal 语言中,块是主程序和过程/函数说明。在 C 语言中,块是编译单元(也就是代码文件)、过程/函数说明以及复合语句(用花括号包含起来的语句序列)。在 C 语言中,结构和联合(Pascal 语言中的记录)也可看成块,因为它们包含字段说明。类似地,面向对象编程语言中的类说明是块。一种语言是块结构的,则要求它允许在其他块的内部嵌入块,并且如果一个块中说明的作用域限制在本块以及包含在本块的其他块中,应服从最近嵌套规则(Most Closely Nested Rule):为同一个名字给定几个不同的说明,被引用的说明是最接近引用的那个嵌套块。

为了实现嵌套作用域和最近嵌套规则,符号表插入操作不必改写前面的说明,但必须临时隐藏它们,这样查找操作只能找到名字最近插入的说明。类似地,删除操作不应删除与这个名字相应的所有说明,只需删除最近的一个,而保持前面的说明,然后符号表构造可以继续进行:执行插入操作使所有说明的名字进入每个块,执行相应的删除操作使相同的名字从块中退出。换句话说,符号表在处理嵌套作用域期间的行为类似于堆栈的方式。

☞　6.2　目标程序运行时环境

　　运行时环境(Runtime Environment)是指目标机器的寄存器以及存储器的组织结构,用来管理存储器并保存指导执行过程中所需的信息。在最终的目标程序的执行过程中,程序所涉及的数据的存取是通过存储器中与之对应的存储单元来进行的。目标程序中使用的存储单元是通过标识符来表示的,其对应的内存地址由编译程序在编译或目标程序在运行时分配。所以,对于编译程序而言,存储的组织和管理是一个复杂而重要的问题。

6.2.1　过程与活动

　　过程定义是一个说明。在过程定义中,最简单的形式是一个标识符和一段相关语句。标识符是过程名,语句是过程体。过程的每一次运行被称为一次活动(Activation),即一个过程的活动是该过程的一次执行。在过程的语句序列执行之前,过程中访问的对象构成此过程的运行环境,由运行支持程序组织好;编译程序根据如何组织运行时环境而生成目标代码。活动是一个动态的概念,具有生存期(Life Time)。活动的生存期指的是执行过程体第一步操作到最后一步操作之间的时间段,包括在调用其他过程时被调用过程对应的活动所花费的时间。一般来说,"生存期"指的是在程序执行过程中若干步骤的一个顺序序列。

　　顺序执行的程序的最大特征是程序的执行在时间上具有顺序性和排他性。换句话说,一个程序的运行线路是由若干个顺序或嵌套的活动组成的,并且在该程序执行的任意瞬间,有且只有一个活动的活动。

　　用来描绘控制进入和离开活动方式的树结构称做活动树。在一棵活动树中:

　　(1)每个结点代表过程的一个活动。

　　(2)根结点代表主程序的活动。

　　(3)结点 a 是结点 b 的父结点,当且仅当控制从 a 的活动进入 b 的活动时。

　　(4)结点 a 在结点 b 的左边,当且仅当 a 的生存期发生在 b 的生存期之前。

　　下面用活动树来描述对结点的控制过程。例如,程序:

```
void FunB(c₁, c₂)
{
    ⋮
}
void FunC (c₃, c₄)
{
    ⋮
}
void FunD (c₅, c₆)
{
    FunB(c₅, c₆);
    FunC(c₅, c₆);
```

```
    }
    void FunA（c₇，c₈）
    {
        FunB(c₇，c₈);
        FunD(c₇，c₈);
        ⋮
    }
    void main()
    {
        FunA(s₁，s₂)
    }
```

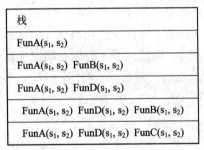

图 6.3　活动树

其活动树如图 6.3 所示。

一个结点代表一个活动，且每个活动只有一个结点表示，当控制权进入某一个活动时，控制在这个结点上。

一个完整程序执行的控制流恰好是对它的活动树的一次深度优先遍历。根据顺序执行程序的控制流特性，活动树上各结点之间具有下述关系：

（1）同一层次的活动生存期不相交。

（2）任一时刻，处在生存期的活动构成一条从根到某结点的路径。

（3）路径上各结点生存期是嵌套的。

程序执行的控制流从根开始，按先根次序遍历活动树，因此，可以利用一个栈保存某个过程活动的生存踪迹，这个栈称做控制栈。当一个活动开始执行时，把代表这个活动的结点推进栈；当这个活动结束时，把代表这个活动的结点从栈中弹出。图 6.3 的控制栈如图 6.4 所示。

栈
FunA(s₁, s₂)
FunA(s₁, s₂)　FunB(s₁, s₂)
FunA(s₁, s₂)　FunD(s₁, s₂)
FunA(s₁, s₂)　FunD(s₁, s₂)　FunB(s₁, s₂)
FunA(s₁, s₂)　FunD(s₁, s₂)　FunC(s₁, s₂)

图 6.4　图 6.3 的控制栈

控制栈中的活动都是活跃的，当前控制进入的活动在栈顶，从栈顶活动到栈底活动的活动序列对应于从活动树上当前结点通向根的路径上的结点序列。

从栈底活动到栈顶活动的活动序列表示了活动的生存期的嵌套关系。扩充控制栈可用来实现程序语言的栈式存储分配，进入一个活动，在栈顶建立这个活动所使用的存储空间；这个活动结束，从栈顶弹出其使用的存储空间。

6.2.2　活动记录

过程的一次执行需要有信息的输入和产生。为了管理过程在一次执行中所需的信息，可以使用一个连续的存储块来实现。用来管理过程执行信息的连续存储块称为活动记录（Activation Record）。当调用或激活过程时，活动记录包含了为其局部数据分配的存储器。活动记录中至少存放两类信息——控制信息和访问信息。

（1）控制信息：用于控制活动的正确调用与返回和用于控制活动记录的正确切换。

（2）访问信息：用于为当前活动提供对数据的访问。

常用活动记录结构如图 6.5 所示，其中：

① 临时数据域：存放计算表达式出现的中间结果，要求当寄存器不足以存放所有这些中间结果时，可以把它们存放在临时数据域中。

② 局部数据域：存放局部域过程执行的数据。

③ 机器状态域：存放在过程调用前的机器状态信息，包括程序计数器的值和控制从这个过程返回时必须恢复的机器寄存器的值。

④ 访问链：也称为静态链，用来指向本活动要访问的非局部数据所在的活动记录（在Pascal 语言中需要用到）。

⑤ 控制链：也称为动态链，用来指向调用者的活动记录。

⑥ 参数域：用于存放调用过程提供的实在参数。

⑦ 返回值域：用于存放被调用过程返回给调用过程的值。

| 返回值域 |
| 参数域 |
| 控制链 |
| 访问链 |
| 机器状态域 |
| 局部数据域 |
| 临时数据域 |

图 6.5　常用活动记录结构

每个活动记录都可分为定长部分和可变部分。每个域的长度都可以在过程调用时确定。事实上，几乎所有域的长度都可以在编译时确定。一个例外是，如果过程中有大小在过程激活时才能确定的局部数组，那么只有运行到调用这个过程时才能确定局部数据域的大小。

6.2.3　名字绑定

名字与存储单元的绑定是指把源程序中的数据名字映射到目标机器存储单元的过程。绑定是名字 X 与存储空间 S 的结合。此处，名字 X 是一个对象，它可以是数据对象（如变量与存储单元的结合），也可以是操作对象（如过程与可执行代码的结合）。

名字的"说明"和名字的"绑定"之间的异同：它们都需要有对应的存储空间，但是存储空间的对应方式，一个是静态的，一个是动态的。"说明"把名字与名字的属性信息绑定在一起；在说明时所关心的是说明的作用域。说明的作用域是一个说明起作用的范围（源程序行文）。一个名字在源程序行文中可能有几处说明，当一个名字被应用时，在不同的作用域中与该名字的不同说明结合。"绑定"时关心的是绑定的生存期(名字在运行时被实际分配的存储单元,名字与存储单元结合的这段时间称为绑定的生存期)。名字的"说明"和名字的"绑定"的关系如表 6.1 所示。

表 6.1　名字的"说明"和名字的"绑定"的关系

静　态	动　态
过程的定义	过程的活动
名字的说明	名字的绑定
说明的作用域	绑定的生存期

有了名字绑定的概念,则可以通过两步映射来完成对一个变量的赋值:对于源程序中的一个名字,可以通过名字绑定将名字映射到一个实际的存储空间,再通过赋值将此存储空间映射到一个实际的值。从名字到存储空间的映射叫作"环境",从存储空间到值的映射叫作"状态"。于是引进两个函数——environment 和 state。environment 把名字映射到一个存储单元上;state 把存储单元映射到存储单元所存放的值上。可以说,函数 environment 把一个名字映射为一个 l-value(左值),而函数 state 把一个 l-value(左值)映射为一个 r-value(右值),如图 6.6 所示。

同时,在名字绑定的概念下,对一个常量的赋值实质上是直接将名字与一个具体的值绑定,或者说环境将名字映射到右值,或者说环境直接改变值,如图 6.7 所示。表示常量的名字没有左值,因此常量是不能通过赋值语句被改变的。

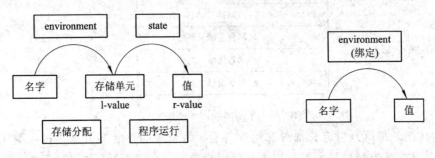

图 6.6　一个变量赋值的两步映射　　　　　图 6.7　常量名字的映射

例如:对于赋值语句 e:=2.718,首先为 e 分配一个存储单元 M,然后将 2.718 赋值给 M;对于常量说明 const e=2.718,直接将 e 与 2.718 绑定,于是在程序运行的任意时刻,e 的值不能改变,如图 6.8 所示。

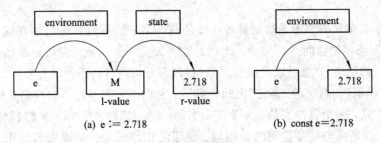

(a) e := 2.718　　　　　　　　　　(b) const e=2.718

图 6.8　变量与常量的映射

　　大多数的程序设计语言允许过程递归调用，即当一个活动还没有执行完时，可能又会进入同一过程的另一个活动。为了同时保存两个同一过程活动的运行环境，同一作用域中的一个名字在运行时可能会被分配多个存储空间，换句话说，同一作用域中的一个名字可以同时绑定到多个存储单元，因此环境是一个一对多的映射。同样，由于一个存储单元可以存放不同的值，所以状态也是一个一对多的映射。

　　编译器如何对存储空间进行组织和采用什么样的存储分配策略，很大程度上取决于程序设计语言中所采用的机制，如过程能否递归，过程能否嵌套，过程调用参数时如何传递，哪些实体可以作为参数和返回值，是否允许动态地为对象分配和撤销存储空间，存储空间是否必须显式地释放等。

☞　6.3　目标程序运行时存储器的划分及存储分配策略

6.3.1　存储器的划分

　　目标程序在运行时，需要系统为其提供一定的存储空间，对这块提供运行"场所"的空间应该进行划分，以便存放其中包括目标代码区（用来存放所生成的目标程序）、静态数据区（用来存放编译程序本身就可以确定所占用存储空间大小的数据）、运行栈区（存储在运行时才能分配存储空间的数据）和堆区（供用户动态申请存储空间）。目标代码的大小在编译时是可以确定的，所以编译程序可以把它放在一个静态确定的区域。同样，有些数据对象的大小在编译时也能确定，因此也可以将其放在静态确定的区域。这样运行时存储空间的划分如图 6.9 所示。

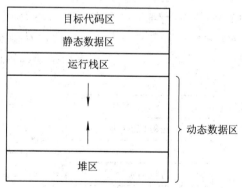

图 6.9　运行时存储空间分配示意图

6.3.2　存储分配策略

　　不同的编译程序关于数据空间的存储分配策略可能不同。静态分配策略在编译时对所有数据对象分配固定的存储单元，在过程运行时始终保持不变，即用于存放一对一的绑定且编译时就可确定存储空间大小的数据；栈式动态分配策略在运行时把存储器作为一个栈进行管理，运行时，每当调用一个过程，它所分配的存储空间就动态地分配在栈顶，一旦退出，空间就予以释放，即栈式动态分配策略用于存放一对多的绑定且与活动同生存期的数据；堆式动态分配策略在运行时把存储器组织成堆结构，以便用户管理存储空间的申请与归还，凡申请者从堆中分给一块，凡释放者退回给堆，即用于存放与活动生存期不一致且可以动态生成和撤销的数据。

如果一个名字的性质通过说明语句或隐或显规则定义，则称这种名字的性质是"静态"确定的；如果名字的性质只有在程序运行时才能知道，则称这种名字的性质为"动态"确定的。

典型计算机的存储可分为寄存器区和较慢的直接编址的随机访问存储器（RAM）区。RAM 区可再分为代码区和数据区。对于大多数的语言，执行时不可能改变代码区，且在概念上可将代码区和数据区看做是独立的。另外，在执行之前，代码区是固定的，所以在编译时所有代码的地址都是可计算的。

1. 静态分配策略

如果在编译时就能够确定一个程序在运行时所需的存储空间大小，则在编译时就能够安排好目标程序运行时的全部数据空间，并能确定每个数据项的单元地址，存储空间的这种分配方法叫作静态分配。在静态分配中，名字在程序编译时与存储空间结合，运行时不再改变，每次过程活动时，过程中的名字映射到同一存储单元。这种性质允许局部名字的值在活动停止后仍能保持，即当控制权再次进入活动时，变量的值和上一次离开时的相同。

采用静态分配策略的存储空间可以组织如下：编译器为每个活动记录分配一块连续的存储空间，根据活动记录中名字的类型确定它所需要空间的大小。由于每个活动记录大小确定，因此由若干活动记录组成的连续存储空间的大小也是确定的。这个确定的空间在程序运行时一并装入内存，而不考虑各活动记录是否在某次特定的运行中被使用，程序运行时不再有对存储空间的分配。

静态存储管理是一种最简单的存储管理。在完全静态环境中，不仅全局变量，所有的变量都是静态分配的。因此，每个过程只有一个在执行之前被静态分配的活动记录。这里可以通过固定的地址直接访问所有的变量，而不论它们是局部的还是全局的，整个程序存储器如图 6.10 所示。

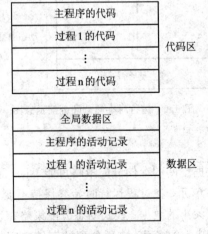

图 6.10　静态存储管理

在这样的环境中，保留每个活动记录的信息开销相对较小，而且也不需要在活动记录中保存有关环境的额外信息，用于该环境的调用序列也十分简单：当调用一个过程时，就计算每个自变量，并将其保存到被调用过程活动中恰当的参数位置；接着保存调用程序代码中的返回地址，并转移到被调用过程的代码开头；返回时，转移到返回地址。

一般而言，适用于静态存储管理的语言必须满足下列条件：

（1）数组的上、下界必须是常数。

（2）过程调用不允许递归。

（3）不允许用户动态地建立数据实体。

满足上述条件的语言有 BASIC 和 FORTRAN 等。FORTRAN 语言的特点是不允许过程有递归性，每个数据名所需的存储空间大小都是常量，并且所有数据名的性质是完全确定的。

现在以 FORTRAN 语言为例来说明静态存储分配的方法。FORTRAN 语言中的各程序段均可独立地进行编译。在编译过程中，为程序段中的变量或数组分配存储单元时，一般的做法是：为每一个变量（或数组）确定一个有序的整数对，其中第一个整数用来指示数据区的编号，第二个整数用来指明该变量（或数组）所对应的存储起始单元相对于其所在数据区起点的位移（即相对于数据区起点的地址），并将这一对整数填入符号表相应登记项的信息栏中。至于各数据区的起始地址在编译时暂不确定，待各程序段全部编译完毕后，再由连接装配程序予以指定，并将各程序段的目标代码组装成一个完整的目标程序。

通常，一个 FORTRAN 程序段的局部数据区可由如图 6.11 所示的项目组成。其中：隐参数是指过程调用时的一些连续信息（不在源程序中明显出现）；形式单元用来存放调用本过程段时实参的地址或值。根据所采用的形参与实参相结合的方式，对每一参数，均在局部数据区中分配一个或两个单元作为该形参的形式单元。编译程序采用两种方式定义各程序段的局部数据区：一是对源程序中各程序段间的关系不作任何分析，使各程序段的局部数据区占用互不相交的存储空间，但这样内存空间的使用不够经济合理；二是划定一大片连续的存储单元，供编译程序为各程序段设置局部数据区之用，但是在具体定义各部件数据区时，按照合理使用存储空间的原则，凡属于相互调用关系的并列程序段，应尽量使其局部数据区共享存储空间。具体地说，就是编译程序首先对源程序中各程序段间的调用关系进行分析，如果用结点代表一个程序段，当程序 i 调用了程序段 j 时，就从结点 i 引一条有向边到结点 j，这样就可将源程序中各程序段间的关系用一个有向图来表示。

图 6.11　一个 FORTRAN 程序段的局部数据区

由于不允许以间接或直接递归的方式调用一个过程，所以在这样的一个程序的有向图中不存在环路。在有向图中各个程序段局部数据区所需要的存储单元数在相应结点旁标出。如图 6.12 所示，编译程序将从最低的一层结点（结点 4、5、6）开始，按自下而上的顺序为各层程序段定义局部数据区。因为程序段 4、5、6 无相互调用关系，故均可从所划定存储区的同一起点（假定采用相对地址，假设起点为 0 号单元）开始分别为它们划定数据区，则程序段 4、5、6 的数据区就分别占用了单元 0~16、0~22、0~9。接着考虑第二层的结点 2 和 3。由于程序段 2 调用了程序段 4 和 6，而程序段 4 已占用了单元 0~16，故若从单元 17 开始为程序段 2 设置数据区，就能保证程序段 2 在分别调用程序段 4 和 6 时不相互破坏其数据区中的内容。同理，应从单元 23 开始为程序段 3 设置数据区。因此，程序段 2 和 3 将分别以单元 17~31 和 23~40 为其数据区。最后，再考虑程序段 1。显然，应从单元 41 开始为其设置数据区，且所占用的单元为 41~62。这样，为上述程序中各程序段划定的局部数据区及其占用内存的存储总量是 63 个存储单元，如用第一种方案来设置各局部数据区，则需 103 个存储单元。

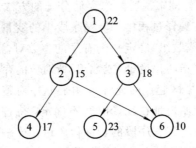

图 6.12　程序段间调用关系的一个例子

2. 栈式动态分配策略

在允许递归调用以及每一个调用中都重新分配局部变量的语言中，不能静态地分配活动记录，相反地，必须以一个基于栈的风格来分配活动记录，即当进行一个新的过程调用（活动记录的压入（push））时，每个新的活动记录都分配在栈的顶部，而当调用退出时则再次解除分配（活动记录的弹出（pop））。活动记录的栈（也指运行时栈（runtime stack）或调用栈（call stack））随着程序执行时发生的调用链增长或缩短。每个过程每次在调用栈上可以有若干个不同的活动记录，各代表不同的调用。这样的环境要求的簿记和变量访问的技术比完全静态环境要复杂得多。特别地，活动记录中必须有额外的簿记信息，而且调用序列还包括设置和保存这个额外信息所需的步骤。基于栈的环境的正确性和所需簿记信息的数量在很大程度上依赖于被编译的语言的特性。

在一个所有过程都是全局的语言（例如 C 语言）中，基于栈的环境有两个要求：对指向当前活动记录的指针的维护，以及记录先前的活动记录（调用程序的活动记录）以允许在当前调用结束时恢复活动记录。指向当前活动记录的指针通常称为框架指针（fp），且通常保存在寄存器中（通常也称做 fp）。作为一个指向先前活动记录的指针，有关先前活动的信息一般放在当前活动中，并被认为是控制链（control link）或动态链（dynamic link）（之所以称之为动态的，是因为在执行时它指向调用程序的活动记录）。有时将这个指针称为旧 fp（old fp），这是因为它代表了 fp 的先前值。通常，这个指针被放在栈中参数区域和局部变量区域之间的某处，并且指向先前活动记录控制链。此外，还有一个栈指针 sp，它通常指向调用栈上的最后位置（有时称做栈顶部（tos））。

例 6.1　图 6.13 表示当控制流通过如图 6.3 所示的活动树时，活动记录压入运行栈和从运行栈中弹出的情况，树上的虚线引向已经结束的活动。程序执行开始时有过程 FunA 的活动，当控制到达 FunA 体中第一个调用时，激发过程 FunB 的一个活动，它的活动记录分配在栈顶。当控制从这个活动返回时，该活动记录从栈被释放，栈中仅剩下 FunA 的活动记录。只要控制还在这个活动中，它的活动记录就在栈顶。

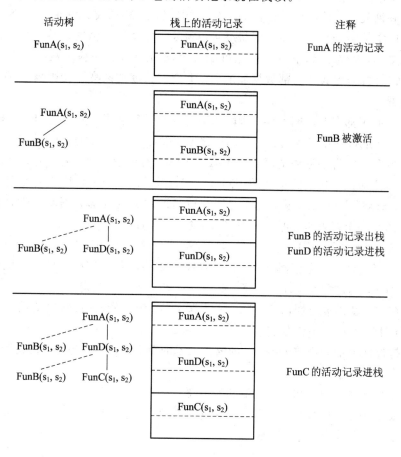

图 6.13　活动记录在栈中的分配（栈向下长）

如果在编译时活动记录的长度能够确定，则可确定局部数据在活动记录中的相对位置，也可以用指向活动记录中某个固定点的寄存器，把它的值加（减）某个偏移来计算地址。

从前面的介绍可知，过程调用和过程返回都需要执行一些代码来管理活动记录栈，保存或恢复机器状态等。这里把在过程调用时执行的分配活动记录并在其中填入信息的代码称为过程调用序列；而把在过程返回时执行的恢复机器状态，释放活动记录，使调用过程能够继续执行的代码称为过程返回序列。

即使是同一种语言，过程调用序列、过程返回序列和活动记录中各域的排放次序，也会因实现而异。过程调用序列的代码常常分成两部分，分别处于调用过程和被调用过程中。过程调用序列在这两个过程间的划分也不是唯一的。源语言、目标机器和操作系统强加的约束可能使得某种方法比另一种方法更合适。过程返回序列也是如此。

有助于设计过程调用序列、过程返回序列和活动记录的一个原则是，长度能较早确定的域放在活动记录的中间，如在图 6.5 的一般活动记录中，控制链、访问链和机器状态域出现在中间。是否使用控制链和访问链，取决于语言及其编译器的设计。机器状态域需要多少空间也取决于编译器的设计，因此这些域都可以在构造编译器时固定。如果对于每个活动，需要保存的机器状态信息的总数是完全相同的，那么可以用同样的代码来执行各个活动的保存和恢复。而且，当出现错误时，调试器很容易辨认栈的内容。

即使临时数据域的长度在编译时最终可以确定，但就编译器的前端而言，这个域的大小可能是未知的，因为代码生成或优化可能会缩减过程所需的临时数据区。在活动记录中，一般把临时数据域放在局部数据域的后面，它的长度的改变不会影响数据对象相对于中间域的位置。

因为每个调用都有自己的实参，所以调用者通常计算实参，并把它们传到被调用者的活动记录中。在运行栈中，调用者的活动记录刚好处于被调用者的下面（如图 6.14 所示），因此把参数域和可能有的返回值域放在紧靠调用者活动记录的地方是有益的。调用者可以根据对它自己活动记录末端的偏移来访问这些域，而无需知道被调用者活动记录的整个安排。尤其是，对调用者来说，根本没有必要知道被调用者的局部数据域或临时数据域。这种参数安排的另一个好处是，可以允许变量个数可变的过程。

下面给出一种过程调用序列和过程返回序列。在图 6.14 中，寄存器 top_sp 指向栈顶活动记录的末端，另一个寄存器 base_sp 指向栈顶活动记录中控制链所在的位置。假定过程 p 调用过程 q，则过程调用序列如下：

（1）p 在栈上留出放返回值的空间，并计算实参，依次放入栈顶（也就是放到 q 的活动记录中），同时改变 top_sp 的值。

（2）p 把返回地址和当前 base_sp 的值存入 q 的活动记录中，建立 q 的访问链，并增加 base_sp 的值。

（3）q 保存寄存器的值和其他机器状态信息。

（4）q 根据局部数据域和临时数据域的大小增加 top_sp 的值，初始化它的局部数据，并开始执行过程体，如图 6.14 所示。

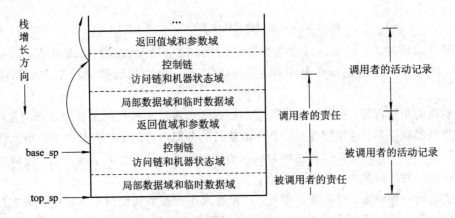

图 6.14　调用者和被调用者之间的任务划分

过程返回序列如下：

(1) q 把返回值置入邻近 p 的活动记录的地方。

(2) q 对应过程调用序列中的步骤(4)，减小 top_sp 的值。

(3) q 恢复寄存器(包括 base_sp)和机器状态，返回 p。

(4) p 根据参数个数与类型和返回值类型来调整 top_sp，然后取出返回值。

上面的过程调用序列和过程返回序列可用于过程的参数个数可变的情况(函数返回值改成用寄存器传递)，例如 C 语言的标准库函数 printf。在一个程序中，调用者的实在参数的个数是已知的，编译器产生将这些参数逆序进栈的代码，即将这些参数逆序填入被调用者活动记录的参数区，被调用函数(即 printf)虽然不知道参数区参数的个数，但是它能准确地知道第一个参数的位置(因为参数逆序进栈)。因此，printf 的实现首先取第一个参数——格式控制字符串，然后分析它的格式控制要求，根据格式控制中的格式说明，到栈中取第二、第三个参数等。

下面讨论在编译时活动记录的长度不能被确定的情况。例如，图 6.15 所示的情况是局部数组的大小要等到过程激活时才能确定。过程 p 有 2 个不能静态确定大小的局部数组，编译时，在活动记录中为这 2 个数组分别分配一个存放数组指针的单元。运行时，这些数组的大小确定后，在栈顶为这些数组分配空间，并把起始地址置入存放数组指针的单元。这样，为这些数组分配的存储空间不是 p 的活动记录的一部分。另外，对这些数组的访问是通过活动记录中的数组指针间接进行的。

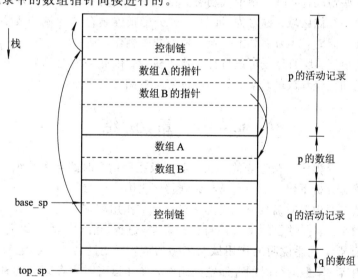

图 6.15　访问动态分配的数组

只要存储空间可以释放，就有可能出现悬空引用问题。引用某个已被释放的存储单元就叫作悬空引用(dangling reference)。使用悬空引用是一种逻辑错误，因为按大多数语言的语义，已被释放的存储单元的值是没有定义的。有时，已被释放的存储单元可能随后被分配用来存放其他数据，因此有悬空引用错误的程序会出现难以理解的不会被捕获的错误。

例 6.2　在 C 语言程序：

```
main()
{
```

```
    int  * q
    q＝dangle();
}
int  * dangle()
{
    int j＝20;
    return &j;
}
```

中，过程 dangle 返回一个指向绑定到局部名 j 的存储单元的指针。当控制从 dangle 返回到 main 时，dangle 的活动记录已经释放，并可能已另有安排。因为 main 中 q 的值是这个存储单元的地址，所以对 q 指向的对象的使用将是一种悬空引用。

3. 堆式动态分配策略

栈式动态分配策略在下列情况下行不通：

(1) 过程活动停止后，局部名字的值还必须维持。

(2) 在程序运行的任意时刻，可以随时生成或撤销的动态数据。

(3) 被调用者的活动比调用者的活动"活"得更长，此时活动树不能正确描绘程序的控制流。

对于上面这些情况，可以采用堆式动态分配策略。其基本思想是：为正在运行的程序划分出一适当大的存储区域，称之为"堆"；堆式分配把连续存储区域分成块，当活动记录或其他对象需要空间时，就为之分配一块；对于释放操作，则是将程序不再占用的存储空间归还给堆的自由区，块的释放可以按任意次序进行。因此一段时间后，堆中可能包含交错的正在使用的和已经释放的块，具体内容读者可参阅相关书籍。

☞ 6.4 本章小结

本章介绍了编译程序中符号表的相关内容以及程序运行时的空间组织，重点是分析讨论基于过程的静态分析下建立运行环境，达到程序正确执行的目的。

读者在阅读本章内容时需要掌握符号表的概念、作用和它的组织方式，熟悉可以在其上进行的可能操作；掌握过程的动态性特征的概念（过程、活动、活动的生存期、活动树、控制栈和活动记录），熟悉说明的作用域与名字的绑定、变量名字的绑定与常量名字的绑定以及映射的内容；掌握运行时的存储空间组织，熟知运行时内存划分的种类，尤其是熟悉存储器的三种分配策略——静态分配策略、栈式动态分配策略和堆式动态分配策略的特点；重点掌握基于栈分配和堆分配的运行机制；了解程序运行时的参数传递过程和不同参数传递方式的特点。

习　题　6

一、选择题(可能不止一个选项)

1. 程序所需的数据空间在程序运行前就可被确定，称为 _____ 管理技术。

　　A. 动态存储　　　　　B. 栈式存储　　　　　C. 静态存储　　　　　D. 堆式存储

2. 在编译方法中，动态存储分配的含义是 _____ 。

　　A. 在运行阶段对源程序中的数组、变量、参数等进行分配

　　B. 在编译阶段对源程序中的数组、变量、参数等进行分配

　　C. 在编译阶段对源程序中的数组、变量、参数等进行分配，在运行时这些数组、变量、参数的地址可根据需要改变

　　D. 以上都不正确

3. 栈式动态分配与管理在过程返回时应做的工作有 _____ 。

　　A. 保护 sp　　　　　B. 恢复 sp　　　　　C. 保护 top　　　　　D. 恢复 top

4. 过程 P_1 调用 P_2 时，连接数据不包含 _____ 。

　　A. 嵌套层次显示表　　　　　　　　　B. 老 sp

　　C. 返回地址　　　　　　　　　　　　D. 全局 display 地址

5. 动态存储分配可采用的分配方案有 _____ 。

　　A. 队式存储分配　　　　　　　　　　B. 栈式存储分配

　　C. 链式存储分配　　　　　　　　　　D. 堆式存储分配

　　E. 线性存储分配

6. 需要在运行阶段分配存储空间的是 _____ 。

　　A. 数组　　　　　B. 指针变量　　　　　C. 动态数组　　　　　D. 静态变量

　　E. 动态变量

7. 运行阶段的存储组织与管理是为了 _____ 。

　　A. 提高编译程序的运行速度　　　　　B. 提高目标程序的运行速度

　　C. 优化运行空间的管理　　　　　　　D. 节省内存空间

　　E. 为运行阶段的存储分配做准备

8. 静态分配不允许程序出现 _____ 。

　　A. 逆归过程　　　　　　　　　　　　B. 静态数组

　　C. 可变体积的数据项目　　　　　　　D. 待定性质的名字

　　E. 静态变量

9. 栈式动态分配与管理在过程 P 调用过程 Q 时，应做的工作为 _____ 。

　　A. 保护过程 P 的 sp

　　B. 将过程 P 的 display 表地址传给 Q 的活动记录

　　C. 传递参数值　　　　　　　　　　　D. 传递参数个数

　　E. 保护返回地址

二、简答题

1. 什么是过程的活动记录？过程活动记录存储哪些信息？

2. 什么是符号表？符号表有哪些重要作用？

3. 符号表的组织方式有哪些？它的组织取决于哪些因素？

第 7 章　代码优化与代码生成

代码优化是指对代码进行等价变换,使得变换后的代码具有更高的时间效率和空间效率,即使得从变换后的程序出发,能生成更有效的目标代码。对于编译模型,它的最后一个工作阶段是目标代码的生成。该阶段的任务就是把前一个阶段所产生的中间代码转换为相应的目标代码,即以中间代码和符号表信息为输入,生成最终可在机器上运行的目标代码。

☞　7.1　代 码 优 化

优化可以在编译的各个阶段进行,本节主要讨论的优化是在目标代码生成以前进行的,即对语法分析后的中间代码进行优化。优化的一般方法是:删除公共子表达式、复写传播、删除无用赋值、代码外提、强度削弱、删除归纳变量。

优化的目的是产生更高效的代码。由优化编译程序提供的对代码的各种变换必须遵循一定的原则:

(1) 等价原则:优化后的代码不应改变程序运行的结果。

(2) 有效原则:优化后所产生的目标代码运行时间较短,占用的存储空间较小。

(3) 合算原则:尽可能以较低的代价取得较好的优化效果。

代码优化可分为局部优化、循环优化和全局优化。

(1) 局部优化:考察一个基本块的语句就可以完成的优化。

(2) 循环优化:对循环中的代码进行的优化。

(3) 全局优化:在整个程序范围内进行的优化。

许多优化可以在局部级完成(局部优化),也可以在全局完成(全局优化),通常首先完成局部优化。本节仅介绍局部优化和循环优化。

7.1.1　局部优化

下面以程序的基本块为范围来讨论局部优化。

基本块是指程序中一段顺序执行的语句序列,其中只有一个入口和一个出口,入口就是其中的第一个语句,出口就是其中的最后一个语句。

下面给出基本块的划分算法。

算法 7.1　划分基本块

输入　三地址指令序列。

输出　基本块列表,每个三地址码仅在一个基本块中。

方法　（1）确定所有的入口语句(基本块的第一个语句)。规则如下：

① 序列的第一个语句是入口语句。

② 能由条件转移语句或无条件转移语句转到的语句是入口语句。

③ 紧跟在条件转移语句或无条件转移语句后面的语句是入口语句。

（2）对于每个入口语句，确定其所属的基本块。它是由该入口语句到下一个入口语句(但不含该入口语句)或到程序结束为止的所有语句组成的。

（3）凡未被划分到某个基本块中的语句，是程序控制流无法到达的语句，可以将其删除。

例 7.1　考虑源代码段：

```
void Function(int * a，int * b)
{
    int prod＝0；
    int i＝1；
    for(；i＜＝20；i＋＋)
    {
        Prod＝prod＋a[i] * b[i]；
    }
}
```

其含义是计算两个长度为 20 的向量 a 和 b 的点积。在目标机器上完成这个计算的三地址码序列如下：

（1）prod：＝0

（2）i：＝1

（3）t_1：＝4 * i

（4）t_2：＝a[t_1]　　　　　　/ * 计算 a[i] * /

（5）t_3：＝4 * i

（6）t_4：＝b[t_3]　　　　　　/ * 计算 b[i] * /

（7）t_5：＝t_2 * t_4

（8）t_6：＝prod＋t_5

（9）prod：＝t_6

（10）t_7：＝i＋1

（11）i：＝t_7

（12）if i＜＝20 goto (3)

把算法 7.1 作用到上述三地址码序列上来决定它的基本块。由规则①知，语句(1)是入口语句；由规则②知，语句(3)是入口语句，因为最后一个语句可以转到它；由规则③知，若语句(12)后面还有语句，则跟随语句(12)的语句是入口语句。这样，语句(1)和(2)构成一个基本块，其余的语句形成一个基本块。

在基本块内，可以通过删除公共子表达式、复写传播和删除无用赋值进行优化。

如果表达式 E 先前已计算，并且从先前的计算至现在，E 中变量的值没有改变，那么 E 的这次出现称为公共子表达式。

针对公共子表达式，可以再用的优化方法是删除公共子表达式。例如，程序块：

$$t_6 := 4 * i$$
$$x := a[t_6]$$
$$t_7 := 4 * i$$
$$t_8 := 4 * j$$
$$t_9 := a[t_8]$$
$$a[t_7] := t_9$$
$$t_{10} := 4 * j$$
$$a[t_{10}] := x$$

对 t_7 和 t_{10} 的赋值分别有公共子表达式 $4 * i$ 和 $4 * j$ 在它们的右部，如果用 t_6 代替 t_7，用 t_8 代替 t_{10}，删除这些公共子表达式，就可以避免表达式的重复计算，达到优化的目的。当然，可以根据具体的情况从更大范围来考虑删除公共子表达式的问题。

在程序代码中，形如 $f := g$ 的赋值叫作复写语句。在优化过程中会大量引入复写语句。复写传播变换是指在复写语句 $f := g$ 后，后续的程序语句引用了 f 的值但是在这中间没有改变 f 的值，则后续语句应尽可能用对 g 的引用来代表对 f 的引用。复写传播的目的是使对某些变量的赋值变为无用，从而可以采用下面的方法来进行优化。

有些变量被赋值后在整个程序中不再被使用，这些变量的赋值对程序运算结果没有任何作用，则可以删除对这些变量赋值的代码，该操作称为删除无用赋值或删除无用代码。

在基本块内，除了可以进行删除公共子表达式和删除无用赋值这两种优化外，还可以实现下面几种变换：

（1）合并已知量。例如，对于语句：

$$X = 2;$$
$$\vdots$$
$$Y = 4 * X;$$

如果对 Y 进行赋值后，其值并未改变，且 $Y = 4 * X$ 中的两个运算对象在编译时是已知的，则可以在编译时计算出它们的值而不是在程序运行时，即将"$Y = 4 * X;$"直接变换为"$Y = 8;$"。这种变换叫作合并已知量。

（2）临时变量改名。假定在一个基本块中存在语句：

$$X = Y + Z;$$

其中 X 是一个临时变量名，如果将这个语句修改为

$$M = Y + Z;$$

其中 M 是一个新的临时变量，并且将本基本块中的 X 都变为 M，则不改变基本块的值。

（3）交换语句位置。假定在一个基本块中存在下列两个相邻的语句：

$$X = b + c;$$
$$Y = m + n;$$

如果 m、n 均不为 X，b、c 均不为 Y，则交换这两个语句的位置不影响基本块的值。有时通过交换语句的次序，可以产生高效的代码。

（4）代数变换。对基本块中的表达式，用代数上等价的形式来替换，可达到简化运算的目的。

7.1.2　循环优化

循环是程序中不可缺少的一种控制结构。因为循环体中的代码可能要重复执行，所以进行代码优化时应着重考虑循环体中的代码。

在进行循环优化的过程中，首先要确定一个循环是由哪些基本块构造而得的。通常情况下，程序员在编译过程中通过使用循环语句构造的循环体是可以确定的。但由条件转移语句和无条件转移语句同样可以形成程序中的循环，且其结构可能更加复杂。因此，需对程序中的控制流程进行分析，找出程序中的循环。

对循环中的代码，可以通过代码外提、强度削弱和删除归纳变量等进行优化。

1. 代码外提

若循环中某些运算的结果不因循环而改变，则可将其提到循环之外，从而在保持程序运行结果不变的前提下，减少了对该代码的反复运算，提高了程序的运行效率，这种优化技术称为代码外提。

例如，对下面一段程序：

$$\vdots$$
$$\text{while }（; i<=limit-2;）$$
$$\vdots$$

其中，如果在循环中 limit 的值是不发生改变的，则可将其变换为

$$\vdots$$
$$t=limit-2;$$
$$\text{while }（;i<=t;）$$
$$\vdots$$

当然，需要 while 引导的循环体也不改变 t 的值。

代码外提是减少循环中代码总数的一个重要方法。这种变换是把循环不变计算（即产生的结果独立于循环执行次数的表达式）放到循环的前面（注意：这里隐含着循环只存在一个入口）。通常在实行代码外提时，要在循环入口结点前面建立一个新结点（基本块），称为循环的前置结点。循环前置结点以循环入口结点作为它的唯一后继，原来流图中从循环外引到循环入口结点的有向边改成引到循环前置结点（如图 7.1 所示）。循环中外提的代码将统统外提到前置结点，并且和入口结点一致，前置结点也是唯一的。

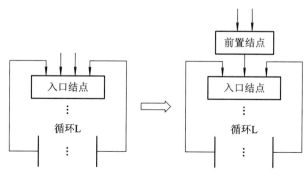

图 7.1　前置结点的提取

2. 强度削弱

强度削弱是指把程序中执行时间较长的运算替换为执行时间较短的运算。例如，可以把循环中的乘法运算用递归加法运算来替换，不仅加法运算一般比乘法运算快，而且这种在循环前计算初值再在循环末尾加上常数增量的运算，可以利用变址器提高运算速度，从而使运算的强度得到削弱，所以该变换叫强度削弱。例如，程序：

$$I=1;$$
$$T_1=3*J;$$
$$\text{for}(;I<=10;)$$
$$\{$$
$$\qquad T_2=10*I;$$
$$\qquad T_3=T_2+T_1;$$
$$\qquad I=I+1;$$
$$\}$$

其中，I 是一个递归赋值的变量，循环一次，值增加 1。在计算 T_2 时，需要用到 I 的值，而且 T_2 是 I 的线性函数，每次循环，T_2 的值增加一个常量 10，因此，如果将语句 $T_2=10*I$ 外提到循环前置结点，而将原来的语句替换为 $T_2=T_2+10$，则程序的运行结果不会发生改变。

强度削弱不仅可对乘法运算实行，对加法运算也可实行。同样对于上面给出的程序，计算 T_3 时需要引用 T_2 的值，而 T_1 作为循环不变量存在，每次循环，T_3 的值的增量与 T_2 的相同，都是 10，因此，可以对 T_3 进行强度削弱，将原来的语句 $T_3=T_2+T_1$ 替换为语句 $T_3=T_3+10$，程序运行的结果不会发生改变。

综上可知：

（1）如果循环中有 I 的递归赋值 $I=I\pm C$（C 为循环不变量），且循环中 T 的赋值可化为 $T=K*I\pm M$（K、M 是与 I 无关的量），则 T 的赋值运算可进行强度削弱，转化为 $T=T\pm KC$。

（2）进行强度削弱后，循环中可能出现一些新的无用赋值，如果它们在循环出口之后不是活跃变量，则可从循环中删除。

3. 删除归纳变量

若循环中对变量 I 只有唯一的形如 $I=I\pm C$（C 为循环不变量）的赋值，则称 I 为循环中的基本归纳变量。若 I 是基本归纳变量，J 在循环中的定值可化为 I 的线性函数，即 $J=C_1*I\pm C_2$（C_1 和 C_2 为循环不变量），则称 J 是归纳变量，并称它与 I 同族。一个基本归纳变量也是一归纳变量。

如果在循环中有两个或更多的归纳变量，可以只留一个，去掉其余的，则这个过程称为删除归纳变量。

例如，对于程序：

$$I=1;$$
$$T_1=2*J;$$
$$\text{for}(;I<=10;)$$
$$\{$$
$$\qquad I=I+1;$$

$$T_2 = 10 * I;$$
$$T_3 = T_2 + T_1;$$
　　　}

显然，I 是 for 循环中的基本归纳变量，T_2 是循环中与 I 同族的归纳变量。另外，由于 T_3 与 I 的值在循环中始终保持着 $T_3 = 10 * I + T_1$（T_1 是循环不变量）的线性关系，所以 T_3 是循环中与 I 同族的归纳变量。通常情况下，一个基本归纳变量除了用于其自身的递归定值外，往往只在循环中用来计算其他归纳变量以及控制循环的进行。此时，可用与 I 同族的某一归纳变量来替换循环控制条件中的 I。例如，T_3 与 I 的值在循环中始终保持着 $T_3 = 10 * I + T_1$ 的线性关系，所以"I $\leqslant$ 10"同"$T_3 \leqslant 100 + T_1$"等价，于是可以用"$T_3 \leqslant 100 + T_1$"来替换"I $\leqslant$ 10"，同时删除语句"I=I+1;"。

　　删除归纳变量是在强度削弱以后进行的。强度削弱和删除归纳变量的算法归纳如下：

　　(1) 利用循环不变运算信息，找出循环中所有的基本归纳变量 X。

　　(2) 找出所有的其他归纳变量 A，并找出 A 与已知基本归纳变量 X 的同族线性函数关系 $F_A(X)$。

　　(3) 对(2)中找出的每一归纳变量 A，进行强度削弱。

　　(4) 删除对归纳变量的无用赋值。

　　(5) 删除基本归纳变量，如果基本归纳变量 B 在循环出口之后不是活跃的，并且在循环中，除在其自身的递归赋值中被引用外，只有在形如

　　　　if (B rop Y) then

中被引用，则可选择一个与 B 同族的归纳变量 M 来替换 B 进行条件控制，最后删除循环中对 B 的递归赋值的代码。

7.1.3　循环优化举例

　　对以下伪 C 程序片段进行优化：

```
int A[100][100][100];
    for ( i=0; i<100; i++)
      for ( j=0; j<100; j++)
        for ( k=0; k<100; k++)
          A[ i ][ j ][ k ]=i*j*k;
```

在上述代码中，语句 A[i][j][k]=i*j*k 中的 i、j 对于内层循环 k 而言为循环不变量，所以可以进行代码外提，则程序变化为

```
for (i=0; i<100; i++)
  for (j=0; j<100; j++)
  {
    t1=addr(A[i][j]);
    t2=i*j;
    for(k=0; k<100; k++)
      t1[k]=t2*k;
  }
```

同样，A[i]在循环 j 中保持不变，代码外提后可以变为

```
for (i=0; i<100; i++)
    {
        t3=addr(A[i]);
        for (j=0; j<100; j++)
            {
                t1=addr(t3[j]);
                t2=i * j;
                for (k=0; k<100; k++)
                    t1[ k ]=t2 * k;
            }
    }
```

其中，t2(语句"t2=i * j ;"和"t1[k]=t2 * k;")是归纳变量，所以可以变换为

```
for (i=0; i<100; i++)
    { t3=addr(A[i]);
      T4=0;                    //i * j 初值
      for (j=0; i<100; j++)
        {t1=addr(t3[i]);
         t2=t4;
         t5=0;                 //t2 * k 初值
         for (k=0; k<100; k++)
             {t1[k]=t5; t5=t5+t2;}
        }
      t4=t4+i;
    }
```

同时，t2 在后续的代码中没有被重新赋值，而且 t4 能代替 t2，所以可以将 t2 删除。上述代码还可以继续优化，请读者自行完成。

☞ 7.2 代码生成的实现过程

代码生成是编译器最复杂的阶段，因为它不仅依赖于源语言的特征，而且还依赖于目标结构、运行时环境的结构和运行在目标机器的操作系统的细节信息。代码生成通常涉及一些优化或改善的尝试。

由于代码生成和某一具体的目标机器密切相关，而且很难找到一种对各编译程序都普遍适用的目标代码生成算法，所以，构造一个高效的代码生成程序并不容易。整个过程如图 7.2 所示。

目标代码的生成由一个代码生成器来实现。代码生成器的设计细节依赖于目标语言和操作系统。为了使代码生成器生成正确、高效的目标代码，以及使得生成器能够便于实现、测试和维护，应考虑诸如内存管理、寄存器分配等问题。代码生成所需考虑的问题归纳如下。

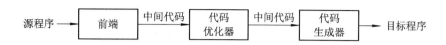

图 7.2　代码生成器的位置

1. 代码生成器的输入

代码生成器以中间代码和符号表信息作为输入。作为代码生成器的输入，可以选择不同的中间语言，包括线性表示法、三地址码表示法、图形表示法等。其中，图形表示法（如树）和线性表示法（如后缀式）适用于解释器；而对于希望生成目标代码的编译器而言，多采用与一般机器指令格式相近的三地址码表示法。

2. 目标程序形式

代码生成程序所输出的目标程序可分为两大类：汇编语言和机器指令。其中机器指令可以根据需要的不同再进行分类。所以，通常情况下，目标程序的形式有如下三种。

（1）具备绝对地址的机器语言程序。

（2）可装配的机器语言模块。在需要执行的时候，由连接装配程序将其与运行程序连接起来，最终转换为可执行的机器语言代码。

（3）汇编语言形式的程序。

在代码的生成阶段着重要考虑两个问题：一是如何使最终生成的目标代码较短；二是如何充分利用计算机的寄存器以减少目标代码对存储单元的访问次数。这两个问题会直接影响目标代码执行的速度。当然，目标代码的质量还依赖于如何充分利用计算机指令系统本身的特点。

代码生成器的输出为目标程序，如果以具备绝对地址的机器语言程序作为输出，对所需花费的机器时间而言，这种方式是最有效率的，因为所有地址均已定位，一旦产生目标代码，即可立即执行。但其缺点是对源程序各个程序段的编译不能够独立地完成，即使是用来供源程序调用的子程序也必须同时进行编译，因而不能满足程序设计的灵活性的要求。

如果以可装配的机器语言模块作为输出，则目标程序由若干个目的模块组成，在每个模块中包含目标程序中的一部分代码或功能，而且这些模块可以装配到存储空间的任何位置。为了保证各个模块之间的相互联系，在各目的模块中还包含一些链接信息，用于存储本模块需引用的其他模块中的符号名或子程序入口名。所以对于这种形式的目标代码，需要将它们和所需的一组可重定位的目的模块连接在一起之后，才能投入运行。尽管连接和装配要付出一定的代价，但这种可重定位机器语言非常灵活，故为许多编译程序所采用。但是如果目标机器无法自动处理重定位，编译器必须为连接与装配提供显示的重定位信息。

如果以汇编语言形式的程序作为输出，则生成符号指令，然后利用汇编器的宏工具来辅助生成代码。利用这种方式，便于软件开发人员的测试，且相对于前两种方式容易实现，但是在编译完毕之后需要额外地增加一个汇编目标程序的阶段。

为了增加可读性，本章用汇编语言形式的程序作为目标程序。但需要强调的是，只要地址可以从符号表中的偏移和其他信息计算，那么产生名字的重定位地址或绝对地址和产生它的符号地址一样容易。

3. 指令选择

对于生成目标程序,目标机器指令系统的性质决定了指令选择的难易程度,其中指令系统的统一性和完备性是重要因素。例如,如果目标机器不能以统一的方式支持各种数据类型,那么每种例外的数据类型都需进行专门处理,降低了目标机器指令系统的效率。

指令的速度和机器特点也是影响目标机器指令系统性质的重要因素。如果不考虑目标程序的效率,指令的选择是直截了当的。对每一类三地址码,可以设计所生成的目标代码的框架。例如,形如 $x:=y+z$ 的三地址码,若 x、y 和 z 都是静态分配的,那么它可以翻译成代码序列:

```
MOV   R0, y        /* 把 y 装入寄存器 R0 */
ADD   R0, z        /* 把 z 加到 R0 上 */
MOV   x, R0        /* 把 R0 存入 x 中 */
```

然而这种以逐个语句产生代码的方式常常产生质量低劣的代码。如语句序列:

$$a:=b+c$$
$$d:=a+e$$

可以被逐句翻译成

```
MOV   R0, b
ADD   R0, c
MOV   a, R0
MOV   R0, a
ADD   R0, e
MOV   d, R0
```

显然,第四条指令是多余的。如果预先知道 a 以后不再被使用,那么第三条指令也是多余的。

经过代码生成器后产生的代码的质量取决于代码的长度和执行速度。指令系统丰富的目标机器可以提供多种方式实现某一操作,由于不同实现方式的执行代价可能大不一样,因此对中间代码进行简单的翻译能产生正确的但效率可能难以接受的目标代码。例如,若目标机器有加 1 指令(INC),那么三地址码 $a:=a+1$ 的高效率实现是一条指令 INC a,而不是下面的指令序列:

```
MOV   R0, a
ADD   R0, 1
MOV   a, R0
```

指令的速度对设计好的代码序列是必需的,但是精确的时间信息常常很难得到。决定哪个指令序列对给定的三地址结构是最优的,可能还要用到该结构出现的上下文知识。

4. 寄存器的分配

众所周知,处理运算对象处于寄存器中的指令通常比处理运算对象处于内存的指令要短一些,执行也快一些。一般情况下,总是希望尽可能地使用寄存器,但是与之矛盾的是寄存器的个数是有限的。因此,如何分配寄存器的使用是在代码生成器生成目标程序时需要考虑的重要因素。而充分利用已分配到的寄存器对生成高质量的代码尤其重要。寄存器的使用可以分成两个子问题:

（1）在寄存器分配期间，为程序的有关点选择驻留在寄存器中的一组变量。

（2）在随后的寄存器指派阶段，挑选变量要驻留的具体寄存器。

选择最优的寄存器指派方案是困难的，同时由于在目标机器的硬件或操作系统中可能要求寄存器的使用遵守一些约定，从而导致这个问题还会进一步复杂。

5．计算次序的选择

计算的执行次序会影响目标代码的效率。例如，对一个表达式，某个计算次序可能会比其他次序需要较少的寄存器来保存中间结果，从而提高目标代码的效率。

对于一个代码生成器而言，最重要的评价标准是它可以产生正确的代码。在产生正确目标代码的前提下，优化计算次序和适当选择代码序列，也是代码生成需要考虑的重要因素之一。

6．简单的计算机模型

一般而言，代码生成程序总是针对某一具体类型的计算机来实现的，因此，预先熟悉目标机器和它的指令系统是设计好一个代码生成器的先决条件。对于一种完整的程序语言来说，脱离具体的计算机而通过一般性的讨论试图说明目标代码的全部细节是不适当的，但是，在代码生成的一般性讨论中，不能把代码生成局限到某一特定的计算机，不能对目标机器描述到足够详细的程度，因而难以对一个完整的语言产生高效的代码。这里选择一个模型机作为目标机器，它具有多数实际计算机的某些共同特点，可以简单地理解为小型机的代表。对于一个假想的计算机模型，可以约定：目标计算机具有多个通用寄存器，可以作为累加器和变址器。简单计算机模型包含四种类型的指令形式，见表 7.1。其中，M 表示内存单元，Ri 表示寄存器，c 表示常量（存储在当前指令之后的单元中），op 表示运算，＊表示间接寻址。如果令 X 代表 Ri 或者 M，则在赋值号右边的(X)表示直接取 X 的内容作为当前的操作对象；而((X))表示一层间接，即取 X 的内容作为地址去查找真正的操作对象；c(X)代表(X)＋c 作为操作数地址。

表 7.1 简单计算机模型的指令形式

寻址类型	指令形式	指令意义	三地址码形式
直接地址型	op Ri, M	Ri：＝(Ri) op (M)	x：＝x op y
寄存器型	op Ri, Rj	Ri：＝(Ri) op (Rj)	x：＝x op y
变址型	op Ri, c(Rj)	Ri：＝(Ri) op (c＋(Rj))	x：＝x op c [y]
间接型	op Ri, ＊M	Ri：＝(Ri) op ((M))	x：＝x op ＊y
	op Ri, ＊Rj	Ri：＝(Ri) op ((Rj))	x：＝x op ＊y
	op Ri, ＊c(Rj)	Ri：＝(Ri) op ((c＋(Rj)))	x：＝x op ＊(c[y])

在表 7.1 中，op 代表的是二目运算符。如果 op 是一目运算符，则指令"op Ri, M"代表的意义为"Ri：＝op(M)"，其对应的三地址码形式为"x：＝op y"。

表 7.1 中给出的运算符（操作码）op 包括一般计算机上的常见运算符，如 ADD（加）、SUB（减）、MUL（乘）、DIV（除）等，此外还有如下一些特殊的指令。

（1）传送指令。

MOV Ri, M：将存储单元 M 中的值传送到寄存器 Ri 中。

MOV M，Ri：将寄存器 Ri 中的值传送到存储单元 M 中。

（2）比较指令。

CMP Ri，M：比较源操作数和目的操作数（相当于 Ri－M），并将比较的结果反馈到机器内部状态字 PSW 的相应位置。

当 Ri＝M 时，将 PSW 的标志位 Z 置 1；当 Ri＜M 时，将 PSW 的标志位 N 置 1；而当 Ri＞M 时，将 PSW 的标志位 P 置 1。

（3）控制指令。

J X：无条件转至 X。

J＜X：当 PSW 的标志位 N＝1 时转至 X。

J≤X：当 PSW 的标志位 N∨Z＝1 时转至 X。

J＝X：当 PSW 的标志位 Z＝1 时转至 X。

J≠X：当 PSW 的标志位 Z＝0 时转至 X。

J＞X：当 PSW 的标志位 P＝1 时转至 X。

J≥X：当 PSW 的标志位 Z∨P＝1 时转至 X。

对于目标代码中的指令而言，由于各个指令中的操作对象是寄存器或内存地址，寻址方式是直接寻址或间接寻址，所以各指令的执行时间是不同的。对于某一种指令，其执行时间主要取决于访问内存的次数，这里将执行一条指令所需的访问存储介质（包括内存和寄存器）的总次数定义为指令的"执行代价"，则目标程序各指令执行代价的总和可以作为目标代码执行效率的一种估量。在有了执行代价的概念后，产生目标代码时，应尽量选用执行代价较小的指令。为了便于区分，此处假设访问寄存器的执行代价为 1，访问内存单元的执行代价为 2，则上述简单计算机模型的指令执行代价如表 7.2 所示。

表 7.2 简单计算机模型指令执行代价

指令形式	执行代价	说　　明
op Ri，M	4	首先访问 Ri 和 M 各一次，再将两个操作数通过 op 操作后访问 Ri，将结果存入其中（1＋2＋1＝4）
op Ri，Rj	3	首先访问 Ri 和 Rj 各一次，再将两个操作数通过 op 操作后访问 Ri，将结果存入其中（1＋1＋1＝3）
op Ri，c(Rj)	7	首先访问 Ri 和 Rj 各一次，并在本指令之后的单元中找到 c，将其与 Rj 相加作为第二个操作数的地址信息查找第二个操作数（位于内存中），再将两个操作数通过 op 操作后访问 Ri，将结果存入其中（1＋1＋2＋2＋1＝7）
op Ri，＊M	6	首先访问 Ri 和 M 各一次，将 M 中的数据作为第二个操作数的地址信息查找第二个操作数（位于内存中），再将两个操作数通过 op 操作后访问 Ri，将结果存入其中（1＋2＋2＋1＝6）
op Ri，＊Rj	5	首先访问 Ri 和 M 各一次，将 Rj 中的数据作为第二个操作数的地址信息查找第二个操作数（位于内存中），再将两个操作数通过 op 操作后访问 Ri，将结果存入其中（1＋1＋2＋1＝5）

续表

指令形式	执行代价	说　　明
op Ri，*c(Rj)	9	首先访问 Ri 和 Rj 各一次，并在本指令之后的单元中找到 c，将其与 Rj 相加作为第二个操作数的地址信息查找第二个操作数(位于内存中)；再将两个操作数通过 op 操作后访问 Ri，将结果存入其中(1＋1＋2＋2＋2＋1＝9)
MOV　Ri，M MOV　M，Ri	3	只需访问 Ri 和 M 各一次，并且完成数据的传递操作(1＋2＝3)

由于存在多种寻址方式，所以对同一个输入目标代码生成器的中间代码而言，可以生成形式不同的目标代码。如，输入为 a：＝b＋c 可以生成如下形式的代码序列。

① MOV　R0，b
　 ADD　 R0，c
　 MOV　a，R0
总的执行代价为 11。

② MOV　a，b
　 ADD　 a，c
总的执行代价为 10。

③ 设在 R0、R1、R2 中分别含有 a、b、c 的地址，则可使用：
　 MOV　＊R0，＊R1
　 ADD　 ＊R0，＊R2
总的执行代价为 15。

④ 若 R1 和 R2 分别含 b 和 c 的值，并且 b 的值在这个赋值后不再需要，则可使用：
　 ADD　R1，R2
　 MOV　a，R1
总的执行代价为 6。

上述第四种代码序列的执行代价最小，但问题是在执行结束后 b 的值将被破坏。因此，生成高效的目标代码要权衡各种利弊，一方面要充分发挥目标机器的寻址能力以达到降低目标代码的执行代价，另一方面对于近期会用到的变量应尽可能将其保存在寄存器中，以方便使用。

☞　7.3　简单的代码生成器

本节所介绍的代码生成器以三地址码为输入，并将其转换为上述计算机模型的汇编指令序列。首先介绍程序控制流中基本块的相关概念，然后着重讨论在一个基本块内如何充分利用寄存器以提高目标代码的运行效率，并给出寄存器分配的一般方法。

7.3.1 基本块、流图和循环

三地址码序列的一种图形表示叫作程序的流图。流图的结点代表一个顺序计算序列，边代表控制流。程序的流图对于理解代码生成算法是有帮助的。

基本块是一段连续的语句序列。基本块中的语句是顺序执行的，其控制流是从入口进入，从出口退出。任何一个复杂的程序控制流，均可以划分为若干个基本块；极端情况下，一条语句可以构成一个基本块。

下述的三地址码序列构成一个基本块：

$$t_1 := a * a$$
$$t_2 := a * b$$
$$t_3 := 2 * t_2$$
$$t_4 := t_1 + t_3$$
$$t_5 := b * b$$
$$t_6 := t_4 + t_5$$

这里，三地址码 $x := y$ op z 引用了 y 和 z 并且对 x 进行定值。如果一个名字的值在基本块的某一点以后还要再次被引用（包括在后继基本块的引用），则可以认为这个名字在该点是活跃的。

为了在代码生成过程中能充分而且合理地使用寄存器，应把在基本块中还将被引用的变量之值尽可能地保留在寄存器中，而把基本块内不再被引用的变量所占用的寄存器及早予以释放。因此，对于四元式 $(i) a := b$ op c，就需要知道变量 a、b 和 c 在块内是否还会被引用，以及在哪些地方引用。这些信息可以通过这样的方法来得到，即对基本块中的每一变量，都为它们建立"待用信息链"和"活跃信息链"。

设四元式 (i) 为变量 a 的一个定值点，则在基本块内，凡从 i 可以到达的每一 a 的引用点 j，都称之为在 i 点定值的变量 a 的待用信息，且把由这样的 j 所组成的集合称为相应的待用信息链。当一个变量 a 最后一次被引用之后，就不再活跃了，因此一个变量 a 在它的待用信息链的范围内总是活跃的。待用信息一般在基本块内考虑，而出基本块后，变量 a 是否活跃的信息可以用一个活跃信息链表示，它和待用信息链一起组成代码生成时变量 a 所需的信息。

下面介绍变量待用信息的计算方法。假设在变量的符号表的记录项中含有待用信息和活跃信息的栏目，其算法如下：

(1) 对各基本块的符号表中的"待用信息"栏和"活跃信息"栏设置初值，即把"待用信息"栏设置为"非待用"，把"活跃信息"栏按照其在基本块出口处是否为活跃而设置为"活跃"或"非活跃"。此处假定变量都是活跃的，临时变量都是非活跃的。

(2) 从基本块的出口到基本块的入口由后向前依次处理每个四元式，对每个四元式 $a := b$ op c，依次执行下述步骤。

① 把符号表中变量 a 的待用信息和活跃信息附加在四元式 (i) 上。

② 把符号表中变量 a 的"待用信息"栏和"活跃信息"栏分别设置为"非待用"和"非活跃"（由于在 i 中对 a 的定值只能在 i 以后的四元式才能引用，因此对 i 以前的四元式来说 a

是不活跃也不可能是待用的）。

　　③ 把符号表中 b 和 c 的待用信息和活跃信息附加到四元式(i)上。

　　④ 把符号表中 b 和 c 的"待用信息"栏设置为"i"，"活跃信息"栏设置为"活跃"。

　　注意：①与③、②与④的次序不能颠倒。

　　例 7.2　用 a、b、c、d 表示变量，用 T、U、V 表示中间变量，得到四元式如下：

$$(1)\ T := a - b$$
$$(2)\ U := a - c$$
$$(3)\ V := T + U$$
$$(4)\ d := V + U$$

其名字表中的待用信息和活跃信息如表 7.3 所示，"F"表示"非待用"、"非活跃"，"L"表示"活跃"，(1)、(2)、(3)、(4)表示四元式序号。

表 7.3　待用信息和活跃信息

变量名	待用信息				活跃信息			
	初值	待用信息链			初值	活跃信息链		
a	F		(2)	(1)	L		L	L
b	F			(1)	L			L
c	F			(2)	L			L
d	F	F			L	F		
T	F		(3)	F	F		L	F
U	F	(4)	(3)	F	F	L	L	F
V	F	(4)	F		F		L	F

　　表 7.3 中"待用信息链"与"活跃信息链"的每列从左到右为每行从后向前扫描一个四元式时相应变量的信息变化情况，空白处为没变化。

　　待用信息和活跃信息在四元式上的标记如下：

$$(1)\ T^{(3)L} := a^{(2)L} - b^{FL}$$
$$(2)\ U^{(3)L} := a^{FL} - c^{FL}$$
$$(3)\ V^{(4)L} := T^{FF} + U^{(4)L}$$
$$(4)\ d^{FL} := V^{FF} + U^{FF}$$

　　程序的流图是一个有向图。流图的结点是基本块(简称块)。含有程序的第一条语句的基本块称为流图的首结点，即它的入口语句是程序的第一个语句。若在程序控制流中，从基本块 B_i 到 B_j 有一条边当且仅当块 B_j 中的开始紧跟块 B_i 中的结束时，即从块 B_i 的最后一个语句有条件转移或无条件转移到块 B_j 的第一个语句或按程序正文的次序块 B_j 直接跟随块 B_i，并且块 B_i 不是结束于无条件转移，则块 B_i 是块 B_j 的前驱结点，块 B_j 是块 B_i 的后继结点。

　　例 7.3　例 7.1 中计算点积的三地址码程序的流图见图 7.3。块 B_1 是首结点。注意，最后一个语句，原来是条件转移到语句(3)，现已由等价的转到 B_2 块开始的语句代替。

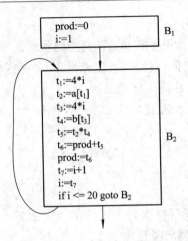

图 7.3　例 7.1 程序的流图

在流图中，什么是循环？如何找出所有的循环？大多数时候，这些问题是容易回答的。例如，图 7.3 存在一个循环，它由块 B_2 组成。然而对更一般情况的回答是不确定的。目前，只要知道循环是流图中满足下列条件的一簇结点即可。

（1）簇中所有结点是强连通的。即从循环中任一个结点到另一个结点都有一条路径，路径上的所有结点都在这簇结点中。

（2）这种结点簇有唯一的入口。从循环外的结点到达循环中任一个结点的唯一方式是首先通过入口。

不包含其他循环的循环叫作内循环。

7.3.2　寄存器分配

为了生成更加有效的目标代码，需要考虑的是如何发挥寄存器代价最小的特点，将尽可能多的运算对象放在寄存器中。如果代码生成算法生成的目标代码的运算对象的值在寄存器中，则可以把寄存器作为操作数地址，使得生成的目标代码执行速度较快。为此，应当尽可能地把各变量的现行值保存在寄存器中，把基本块中不再被引用的变量占用的寄存器及早释放。但是任何一个计算机模型中的寄存器个数是有限的，因此需要根据一些原则对寄存器进行分配。下述给出了基于基本块的寄存器分配的一般原则。

（1）当生成某变量的目标代码时，让变量的值或计算的结果尽量保留在寄存器中，直到寄存器不够分配时为止，以达到减少对内存的存取次数，降低代价。

（2）当到基本块的出口时，将变量的值存放在内存中。因为一个基本块可能有多个后继结点，同一个变量名在不同前驱结点的基本块内出口前存放的值可能不同，或者是没有定值，所以在出口前把寄存器的内容放在内存中，从而使得每个变量进入基本块时，值均在内存中。

（3）对于在一个基本块中、后边不再被引用的变量所占用的寄存器应尽早释放，以提高寄存器的利用率。

当然，除了这些原则外，还应进一步考虑采取何种分配寄存器的策略才能降低目标代码执行代价，以取得最大的效益。对于目标代码生成而言，这是一个全局性的问题。通常，解决此问题可采用的策略之一是把寄存器尽量优先分配给引用最为频繁的那些变量独占。

在给循环中的某些变量分配了固定的寄存器之后，生成代码的过程中，凡属已取得固定寄存器的变量均用相应的寄存器代表，如果其中的某些变量在循环的入口之前或循环的出口之后是活跃的，则在循环的入口之前应该将它们的值取至相应寄存器的目标代码，或在循环的出口之后应该将它们的值分别存入内存单元的目标代码。

7.3.3　目标代码生成算法

1. 寄存器描述符和地址描述符

代码生成的基本依据是变量的待用信息和活跃信息，以及寄存器的分配原则。为了对寄存器的分配做确切的判断，需要随时掌握当前寄存器的使用情况，即了解哪些寄存器当前未分配，哪些已经分配或者已经分配给哪些变量。为此，在代码生成过程中，需要建立一个寄存器描述符，用来动态地记录各个寄存器的使用情况。

与此同时，在目标代码生成过程中，当指令要涉及引用某个变量的时候，如果该变量的现行值已经在某个寄存器中，则自然希望直接引用寄存器的值，而不是引用该变量在内存单元中的值(如果现行值同时在寄存器和内存单元中保存)。所以，代码生成程序还应该建立一个地址描述符，用来动态地记录各变量当前现行值存放在某寄存器还是在内存单元中，或者同时在寄存器和内存单元中存在。有了地址描述符，就可以使得如果运算对象现行值在某寄存器中，则按"寄存器模式"来寻址，以提高目标代码的执行效率。

2. 寄存器选择函数 getreg

getreg 函数为赋值 x:=y op z 返回一个持有 x 值的存储位置 L。如何实现 getreg 来选择 L 是一个复杂的问题，此处仅讨论基于下次引用信息的一个简单易行的方法。

(1) 如果名字 y 在寄存器中，此寄存器不含其他名字的值(注意 x:=y 这样的复写语句会使寄存器同时保存两个或更多变量的值)，并且在执行 x:=y op z 后 y 不再被引用，那么返回 y 的寄存器作为 L。

(2) 若(1)失败，则返回一个空闲寄存器。

(3) 若(2)失败，如果 x 在块中有下次引用，或者 op 是必须用寄存器的算符(如变址)，则找到一个已被占用的寄存器 R。如果 R 的值还没有保存到它应该在的内存单元 M，由"MOV R，M"把 R 的值存入内存单元 M，修改 M 的地址描述符，并返回 R。如果 R 中持有若干个变量的值，则对于每个需要存储的变量都产生 MOV 指令。寄存器 R 的选择原则是 R 中的值已经在内存中或最近不被使用。

(4) 如果 x 在基本块中不再被引用，或者找不到合适的被占用寄存器，则选择 x 的内存单元作为 L。

更复杂的 getreg 函数在决定存放 x 值的寄存器时要考虑 x 随后的使用情况和算符 op 的交换性。

做了上述准备工作之后，下面介绍一个功能简单的代码生成算法。

算法 7.2　*代码生成算法*

输入　基本块。

输出　基本块的目标代码序列。

方法　(1) 对每个形如 x:=y op z 的三地址码，按下述原则计算。

① 调用 getreg 函数确定存放操作 y op z 计算结果的位置 L。L 可以是寄存器，也可能

是内存单元。

② 查看 y 的地址描述符以确定 y 的当前位置 y′。根据地址描述符的作用，如果 y 当前的值既在内存单元又在寄存器中，则寄存器优先，即选择寄存器作为 y′，特别是 y 的值所在的寄存器正好是 L 时。如果 y 的值还不在 L 中，产生指令"MOV y′，L"，把 y 的值复写到 L 中。

③ 产生指令"op L，z′"，其中 z′是 z 的当前位置。如果 z 值既在寄存器又在内存单元中，则寄存器优先。修改 x 的地址描述符，使得 x 在位置 L 中。如果 L 是寄存器，则修改它的描述符使得它含有 x 的值。

④ 如果 y 或 z 的当前值不再被引用，在块的出口也不活跃，并且还在寄存器中，则修改寄存器描述符，使得在执行了指令"x:=y op z"以后，这些寄存器分别不再含 y 或 z 的值。

如果当前的三地址码有一元算符，处理方法同上面的类似。特别是语句"x:=y"，如果 y 存储在寄存器中，则只要修改相应的寄存器和地址描述符，记录下 x 的值当前只能在存储 y 值的寄存器中找到即可。如果 y 不再被引用，则不再在寄存器描述符和地址描述符中保存有关 y 的信息。如果 y 的值仅在内存中，原则上，可以记录下 x 的值在 y 的内存单元，但是这样会使算法复杂，因为以后若要改变 y 的值时必须先保存 x 的值。所以如果 y 在内存中，用 getreg 函数来找到一个存放 y 的寄存器，并记录此寄存器是存 x 的位置。

(2) 一旦处理完基本块的所有三地址码，在基本块出口，用 MOV 指令把那些尚不在它们内存单元的活跃名字的值存入它们的内存单元。为完成这一点，用寄存器描述符来确定哪些名字留在寄存器中，用地址描述符来确定这些名字的值是否不在它们的内存单元中，用活跃变量信息来确定这些名字是否要存储。

☞ 7.4　DAG 的代码生成

7.4.1　基本块的 DAG 表示

如图 7.4 所示，在一个有向图中，对于任一有向边 $n_i \rightarrow n_j$，称结点 n_i 为结点 n_j 的前驱，结点 n_j 是结点 n_i 的后继。对其中的有向边序列 $n_1 \rightarrow n_2，n_2 \rightarrow n_3，\cdots，n_{k-1} \rightarrow n_k$ 为从结点 n_1 到 n_k 的一条通路。如果其中 $n_1 = n_k$，则称该通路为环路。如果有向图中任一通路都不是环路，则称该有向图为无环路有向图(Directed Acyclic Graph，DAG)，如图 7.5 所示。在 DAG 中，如果 $(n_1，n_2，\cdots，n_k)$ 是其中一条通路，则称结点 n_1 为结点 n_k 的祖先，结点 n_k 为结点 n_1 的后代。

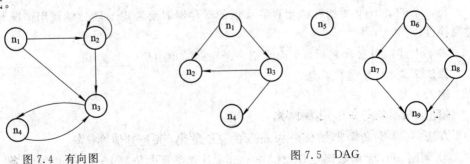

图 7.4　有向图　　　　　　　　　　　图 7.5　DAG

一个基本块的 DAG 是一种其结点带有下述标记或附加信息的 DAG。

（1）图的叶结点（无后继的结点）以一标识符（变量名）或常数作为标记，表示该结点代表该变量或常数的值。如果叶结点用来表示某变量 A 的地址，则用 add(A) 作为该结点的标记。通常把叶结点上作为标记的标识符加上下标 0，以表示它是该变量的初值。

（2）图的内部结点（有后继的结点）以一运算符作为标记，表示该结点代表应用该运算符对其后继结点所代表的值进行运算的结果。

（3）图中各结点上可能附加一个或多个标识符，表示这些变量具有该结点所代表的值。

上述这种 DAG 可以用来描述计算过程，因此又称为描述计算过程的 DAG。以下，在不引起歧义的地方都把它简称为 DAG。

基本块可以用一个 DAG 来表示，表 7.4 列出了和各种四元式相对应的 DAG 结点形式。表中，各结点圆圈中的 n_i 是构造 DAG 过程中各结点的编号，而各结点下面的符号（运算符、标识符或常数）是各结点的标记，各结点右边的标识符是结点上的附加标识符。除对应于转移语句的结点右边可附加一语句位置来指示转移目标外，其余各类结点的右边只允许附加标识符。除对应于数组元素赋值的结点（标记为[ ]＝）有三个后继外，其余结点最多只有两个后继。

表 7.4　DAG 结点类型

类型	四元式	DAG 结点
0型	A := B (:=, B, , A)	n_1 A B
1型	A := op B (op, B, , A)	n_2 A op B n_1
2型	A := B op C (op, B, C, A)	n_3 A op n_1 B　n_2 C
2型	A := B[C] (=[ ], B, C, A)	n_3 A =[] n_1 B　n_2 C
2型	if B rop C goto (s) (jrop, B, C, (s))	n_3 (s) rop n_1 B　n_2 C

下面给出一种构造基本块的 DAG 算法。假设 DAG 各结点信息将用某种适当的数据结构来存放，并设有一个标识符（包括常数）与结点的对应表；NODE(A) 是描述这种对应关系的一个函数，它的值或者是一个结点的编号 n，或者无定义。前一种情况代表 DAG 中

存在一个结点 n，A 是其上的标记或附加标识符。

下面给出含 0、1、2 型四元式的基本块的 DAG 构造算法。

(1) 若 NODE(B)无定义，则构造一个标记为 B 的叶结点并定义 NODE(B)为这个结点，然后根据下列情况做不同处理。

① 如果当前四元式是 0 型，则记 NODE(B)的值为 n，转(4)。

② 如果当前四元式是 1 型，则转(2)中的①。

③ 如果当前四元式是 2 型，则：

• 如果 NODE(C)无定义，则构造一个标记为 C 的叶结点，并定义 NODE(C)为这个结点；

• 转(2)中的②。

(2) ① 如果 NODE(B)是以常数标记的叶结点，则转(2)中的③，否则转(3)中的①。

② 如果 NODE(B)和 NODE(C)都是以常数标记的叶结点，则转(2)中的④，否则转(3)中的②。

③ 执行 op B(即合并已知量)，令得到的新常数为 P。如果 NODE(B)是处理当前四元式时新构造出来的结点，则删除它；如果 NODE(P)无定义，则构造一用 P 做标记的叶结点 n，并置 NODE(P)=n；转(4)。

④ 执行 B op C(即合并已知量)，令得到的新常数为 P。若 NODE(B)或 NODE(C)是处理当前四元式时新建立的结点，则删除它；若 NODE(P)无定义，则构造一用 P 做标记的叶结点 n，并置 NODE(P)=n；转(4)。

(3) ① 检查 DAG 中是否有标记为 op 且以 NODE(B)为唯一后继的结点(即查找公共子表达式)。如果没有，则构造一个新结点，否则就把已有的结点作为它的结点并设该结点为 n；转(4)。

② 检查 DAG 中是否有标记为 op 且其左后继为 NODE(B)、右后继为 NODE(C)的结点(即查找公共子表达式)。如果没有，则构造一个新结点，否则就把已有的结点作为它的结点并设该结点为 n；转(4)。

(4) 如果 NODE(A)无定义，则把 A 附加在结点 n 上并令 NODE(A)=n；否则，先把 A 从 NODE(A)结点上的附加标识符集中删除(注意，如果 NODE(A)是叶结点，则其标记 A 不删除)，然后再把 A 附加到新结点 n 上并令 NODE(A)=n。

例 7.4 试构造以下基本块的 DAG：

(1) $T_0 := 3.14$

(2) $T_1 := 2 * T_0$

(3) $T_2 := R + r$

(4) $A := T_1 * T_2$

(5) $B := A$

(6) $T_3 := 2 * T_0$

(7) $T_4 := R + r$

(8) $T_5 := T_3 * T_4$

(9) $T_6 := R - r$

(10) $B := T_5 * T_6$

按照算法顺序处理每一四元式后构造出的 DAG 如图 7.6 所示，其中各子图(a)～(j)分别对应于四元式(1)～(10)的 DAG 构造。

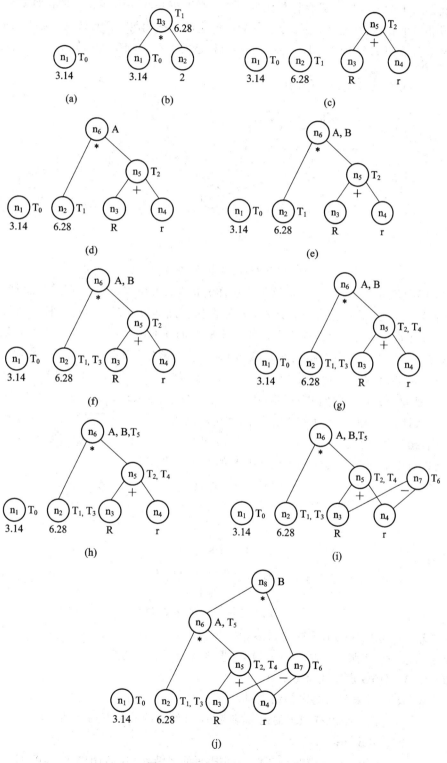

图 7.6　构造的 DAG 图示例

7.4.2 DAG 的代码生成

前面介绍了对基本块生成目标代码的算法，可以按基本块内四元式的排列顺序，逐个为之生成相应的目标代码。但是按照这种顺序产生的目标代码，其有效性未必是最佳的。

现在来分析图 7.3 中的块 B_2，根据该模块构造的 DAG 如图 7.7 所示。

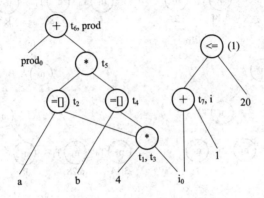

图 7.7 块 B_2 的 DAG 图

在块 B_2 中可以发现，每一种运算都有这样的特点：为完成运算，首先要完成它的右操作数的计算，再完成其左操作数的计算，然后再执行此运算本身，即每一种运算总是紧跟在它的左操作数计算之后。这样就可以省去不必要的存取指令，从而产生更为有效的目标代码。如在图 7.7 中，最后要得到的是值 prod，为了计算它，根据上述原则，要知道其左操作数 $prod_0$ 和右操作数 t_5。但是由于 t_5 不是叶结点，故为了计算 t_5，又要计算出 t_2 和 t_4。对于 t_2 和 t_4 都要首先计算它们共同的右操作数 t_i，故可以生成四元式 $t_i := 4 * i$(其中 i 是叶结点)。其次计算 t_2 和 t_4，$t_2 := a[t_i]$，$t_4 := b[t_i]$。当 t_2 和 t_4 计算结束后，给 t_5 的计算提供了左、右操作数，于是 $t_5 := t_2 * t_4$，最后 prod $:=$ prod$+t_5$，即完成了基本块 B_2 的重建操作。所以对于 B_2 而言，其代码可以改变为如下的形式：

(1) $t_i := 4 * i$

(2) $t_2 := a[t_i]$

(3) $t_4 := b[t_i]$

(4) $t_5 := t_2 * t_4$

(5) prod $:=$ prod$+t_5$

(6) $i := i+1$

(7) if $i \le 20$ goto (1)

上述形式较之原来的代码形式简化很多。

下面构造一个按照上述原则为一 DAG 重排各结点次序的算法。

算法 7.3 DAG 启发式排序算法

  while 还有未列出的内部结点 do

    {选一个没有列出的内部结点 n，其所有的父结点均已列出；

    列出 n；

    while n 的最左子结点 m 的所有的父结点均已列出而且 m 不是叶结点 do

```
{    列出 m；
     n：=m；
}
}
```

列出结点次序的逆序即为结点的最终计算次序。

在算法 7.3 中，没有考虑叶结点的排序，若某内部结点需要引用它们，仅需直接引用其标记即可。

例 7.5　DAG 结点排序，如图 7.8 所示。

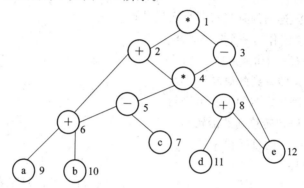

图 7.8　块 B_2 的 DAG 图

按照算法计算次序为 8、6、5、4、3、2、1。

☞　7.5　本　章　小　结

代码优化可以大幅度地提高目标代码的效率，而目标代码生成是编译的最后一个阶段，是编译器中唯一与目标机器特性相关的阶段。这一阶段所需考虑的问题大部分是基于特定机器的，如机器的指令系统和寄存器等。本章在介绍代码优化的基础上，以一个假想的机器指令系统为基础，介绍了目标代码生成所涉及的基本问题，如基本块和流图、寄存器分配原则和基于基本块的简单代码生成等。

读者在阅读本章内容时，需要掌握代码优化的分类，熟悉代码优化的作用和方法；掌握目标代码生成的相关问题，包括中间代码与目标代码的形式、指令系统的选择、寄存器的分配和计算次序的选择；掌握基本块和程序流图的概念，了解基本块的划分和程序流图的构造方法；了解目标代码生成器的相关内容，认识到寄存器分配对代码生成的影响；同时学会使用 DAG 来重建和生成、优化代码。

习　题　7

一、选择题(答案可能不止一个)

1. 对一个基本块来说，_____是正确的。

A. 只有一个入口语句和一个出口语句

B. 有一个入口语句和多个出口语句

C. 有多个入口语句和一个出口语句

D. 有多个入口语句和多个出口语句

2. 在程序流图中，称具有下述性质_____的结点序列为一个循环。

A. 它们是非连通的且只有一个入口结点

B. 它们是强连通的但有多个入口结点

C. 它们是非连通的但有多个入口结点

D. 它们是强连通的且只有一个入口结点

3. 下面_____不能作为一个基本块的入口。

A. 程序的第一个语句

B. 条件语句转移到的语句

C. 无条件语句之后的下一条语句

D. 无条件语句转移到的语句

4. 经过编译所得到的目标程序是_____。

A. 二元式序列　　　　　　　　　B. 四元式序列

C. 间接三元式　　　　　　　　　D. 机器语言程序或汇编语言程序

5. 一个控制流程图就是具有_____的有向图。

A. 唯一入口结点　　　　　　　　B. 唯一出口结点

C. 唯一首结点　　　　　　　　　D. 唯一尾结点

6. 采用无环有向图(DAG)，可以实现的优化有_____。

A. 合并已知量　　　　　　　　　B. 删除公共子表达式

C. 强度削弱　　　　　　　　　　D. 删除无用赋值

E. 删除归纳变量

7. 如果 A 离开循环 L 后仍然活跃，则对不变运算 S：A：＝B op C 来说，必须满足_____条件方可将不变运算 S 提到循环外。

A. A 在 L 中已经定值

B. A 在 L 中其他地方未再定值

C. S 所在结点是 L 的所有出口结点的必经结点

D. S 所在结点不是 L 的所有出口结点的必经结点

E. L 中所有 A 的引用点只有 S 中 A 的定值才能到达

8. 基本块的入口语句可以是_____。

A. 程序的第一个语句

B. 紧跟在无条件语句后面的语句

C. 紧跟在条件转移语句后面的语句

D. 能由条件转移语句转移到的语句

E. 能由无条件转移语句转移到的语句

9. 优化可生成_____的目标代码。

A. 运行时间较短

    B. 占用存储空间较小

    C. 运行时间短但占用内存空间大

    D. 运行时间短且占用存储空间小

10. 下列优化方法中，不是针对循环优化进行的是＿＿＿＿＿。

    A. 强度削弱　　　　　　　　　　　B. 删除归纳变量

    C. 删除多余运算　　　　　　　　　D. 代码外提

11. 基本块内的优化为＿＿＿＿＿＿。

    A. 代码外提，删除归纳变量

    B. 删除多余运算，删除无用赋值

    C. 强度削弱，代码外提

    D. 循环展开，循环合并

12. ＿＿＿＿＿＿属于局部优化。

    A. 代码外提　　　　　　　　　　　B. 删除多余运算

    C. 强度削弱　　　　　　　　　　　D. 删除归纳变量

13. 下列优化方法中，针对循环优化进行的是＿＿＿＿＿。

    A. 复写传播　　　　　　　　　　　B. 删除归纳变量

    C. 删除无用赋值　　　　　　　　　D. 合并已知量

14. 根据优化所涉及的范围，可将优化分为＿＿＿＿＿。

    A. 局部优化　　　　　　　　　　　B. 过程优化

    C. 全局优化　　　　　　　　　　　D. 循环优化

    E. 四元式优化

15. 下列优化中，属于循环优化的有＿＿＿＿＿。

    A. 强度削弱　　　　　　　　　　　B. 合并已知量

    C. 删除无用赋值　　　　　　　　　D. 删除归纳变量

    E. 代码外提

16. 通常的无用赋值有＿＿＿＿＿＿。

    A. 对某变量 A 赋值后，在该 A 值被引用前又对 A 重新赋值

    B. 对某变量 A 赋值后，在该 A 值被引用后又对 A 重新赋值

    C. 对某变量 A 赋值后，该 A 值在程序中不被引用

    D. 对某变量 A 赋值后，该 A 值在程序中多次被引用

    E. 对某变量 A 进行递归赋值，且该 A 值在程序中仅在递归运算中被引用

二、填空题

1. 局部优化是在＿＿＿＿＿范围内进行的一种优化。

2. 优化就是对程序进行各种＿＿＿＿＿变换，使之能生成更有效的＿＿＿＿＿。

3. 常见的循环优化包括 ＿＿＿＿＿ 、＿＿＿＿＿ 和 ＿＿＿＿＿ 。

4. 把循环中的乘法运算化为加法，以＿＿＿＿＿运算速度的方法称为＿＿＿＿＿。

三、综合题

1. 将下面程序划分为基本块并画出其程序流图。

```
read(A, B)
F := 1
C := A * A
D := B * B
if C<D goto L₁
E := A * A
F := F+1
E := E+F
write(E)
halt
L₁ : E := B * B
F := F+2
E := E+F
write(E)
if E >100 goto L₂
halt
L₂ : F := F-1
goto L₁
```

2. 试构造如下基本块 B：

```
A[I] := B
P↑ := C
D := A[J]
E := P↑
P↑ := A[I]
```

的 DAG，并假定 P 只在指向 B 或 D 的前提下提出有关结点必须遵守的计算次序。

3. 对下列四元式序列生成目标代码：

```
T := A-B
S := C+D
W := E-F
U := W/T
V := U * S
```

其中，V 是基本块出口的活跃变量，R0 和 R1 是可用寄存器。

4. 对于一个编译程序的代码生成要着重考虑哪些问题？

5. 决定目标代码的因素有哪些？

6. 为什么在代码生成时要考虑充分利用寄存器？

7. 寄存器分配的原则是什么？

8. 画出下面语句序列的 DAG 图。

```
a[i][j] := a[i][j]+1;
i := j;
a[i][j] := a[i][j]+a[i][j];
```

9. 何谓局部优化和循环优化？优化工作在编译的哪个阶段进行？

10. 对图 7.9 给定的程序流图进行代码外提优化。

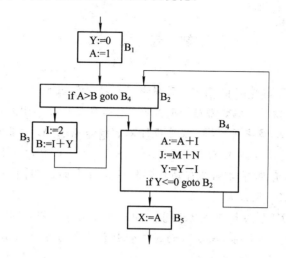

图 7.9　程序流图

11. 对以下四元式程序段：

A ：＝0

I ：＝1

L_1 : B ：＝J＋1

C ：＝B＋I

A ：＝C＋A

if 1＝100 goto L_2

I ：＝I＋1

goto L_1

L_2 : write A

halt

（1）画出其控制流程图；

（2）求出循环并进行循环代码外提和强度削弱优化。

参 考 文 献

[1]　刘坚. 编译原理基础[M]. 西安：西安电子科技大学出版社，2002.

[2]　鱼滨，侯红，龚晓庆. 编译原理[M]. 西安：西安交通大学出版社，2007.

[3]　陈火旺，刘林春，谭庆平，等. 程序设计语言编译原理[M]. 北京：国防工业出版社，2000.

[4]　黄志强，苏颖. 有限自动机在自动控制软件设计中的应用[J]. 华北电力大学学报，2002，29(1)：49－51.

[5]　姜利群. 对 KMP 算法的一个改进[J]. 中国矿业大学学报，1999，28(2)：198－200.

[6]　郑谦益，毛海燕，张灯银，等. 移动通信营业系统中的自动机模型[J]. 南京邮电学院学报：自然科学版，1999，19(1)：74－80.

[7]　刘林，麦智晖. 图形识别的有限自动机方法[J]. 武汉大学学报：工学版，2006，39(4)：119－121.

[8]　陈欢琴，马小虎. 基于广义有限自动机的图像压缩方法[J]. 计算机应用与软件，2009，26(3)：231－233.

[9]　曹永忠，丁秋林，李斌. 基于有限自动机的 Web 服务行为的描述与发现[J]. 现代电子技术，2007，241(2)：121－123.

[10]　谭飞，王珺吉，章立，等. 有限状态自动机在复杂界面操作中的应用[J]. 数字通信，2011，22(5)：81－83.

[11]　李静铂，吕胜利，杨瑞芳. 有限自动机的两个实例[J]. 廊坊师范学院学报，2004，20(4)：27－28.